天然产物提取
分离技术与方法研究

李灵娜　著

武汉理工大学出版社

·武 汉·

内 容 提 要

本书主要研究天然产物的提取与分离方法，论述了超临界流体提取法、加压溶剂提取法、超声波辅助提取法、微波辅助提取法、脉冲电场辅助提取法、酶辅助提取法、半仿生提取法等天然产物提取方法，以及吸附柱色谱法、分配色谱法、逆流色谱、膜分离、基于离子强度的分离、分子蒸馏、制备型高效液相色谱、分子印迹技术、模拟移动床色谱等天然产物分离方法，最后在此基础上以糖类和生物碱等为例阐述了具体天然产物的分离提取工艺。本书可供高等院校药学等相关专业的师生，以及从事相关研究的工作人员参考阅读。

图书在版编目(CIP)数据

天然产物提取分离技术与方法研究 / 李灵娜著. — 武汉：武汉理工大学出版社，2023.12
ISBN 978-7-5629-6975-4

Ⅰ.①天… Ⅱ.①李… Ⅲ.①天然有机化合物—提取—研究②天然有机化合物—分离—研究 Ⅳ.①O629

中国国家版本馆CIP数据核字（2023）第249205号

责任编辑：田道全
责任校对：高 英　　**排　版：**米 乐
出版发行：武汉理工大学出版社
社　　址：武汉市洪山区珞狮路122号
邮　　编：430070
网　　址：http://www.wutp.com.cn
经　　销：各地新华书店
印　　刷：北京亚吉飞数码科技有限公司
开　　本：710×1000　1/16
印　　张：16.25
字　　数：257千字
版　　次：2024年5月第1版
印　　次：2024年5月第1次印刷
定　　价：86.00元

前　言

　　天然产物活性成分的结构类型丰富，理化性质差异较大，因此提取分离的方法也不尽相同。要从一个粗提物中分离得到纯化合物，需要经过许多纯化步骤，其过程往往相当烦琐、耗时，且花费很大。因此，正确掌握提取分离的实验操作以及熟悉快速、有效的新的提取分离技术，在分离目的化合物中就显得尤为重要。只有先通过提取分离技术，纯化得到单体化合物后，才能进一步利用波谱技术鉴定其化学结构，测定其理化性质和生物活性；同时提供其作为制药原料、对照品及合成工作的起始资料。

　　来自自然界植物、微生物、海洋生物中的多数天然产物，是天然药物、天然食品添加剂和天然化妆品活性成分的重要来源。这些有机化合物结构复杂，种类繁多，用途广泛，但含量往往较低，并与许多其他化学成分共存，因此要很好地发掘我国丰富的天然资源，充分研究和利用这些天然产物，就必须先经过提取分离和纯化过程。为此，本书对天然产物提取与分离的经典技术及新技术的基本原理、工艺流程及应用实例进行了总结，希望能为读者提供帮助。

　　本书共8章。第1章为天然产物概述，使读者对天然产物的基本理论有初步的了解。第2章为天然产物提取分离方法概述，对天然产物提取原理、影响因素、具体策略等进行了详细的介绍。第3章为天然产物传统提取方法与技术，所研究的技术类型包括浸渍法、渗漉法、煎煮法、索氏提取法、回流提取法、水蒸气蒸馏法等。第4章为天然产物现代提取方法与技术，所研究的技术类型包括超临界流体萃取技术、超声波辅助提取技术、微波辅助提取技术、超高压提取技术、离子液体提取技术、酶辅助提取技术、半仿生提取技术等。第5章为天然产物现代分离方法与技术，所研究的技术类型包括超临界流体色谱法、制备型色谱分离技术、高速逆流色谱分离技术、pH区带逆流色谱分离技术、分子蒸馏技术、分子印迹技术、膜分离技术等。第6章至第8章分别详细阐述了植物天然产物、微生物天然产物、海洋动物天然产物的提取分离技术。

本书在选材上既注意了各种类型的次生代谢产物，又兼顾了近年研究中较为热门的一些资源性材料。书中所涉及的实验方法有传统的提取分离方法，同时也吸收了许多新颖的技术、方法以及提取分离工艺资料。在体系安排上，首先是技术原理和研究进展部分，其后是各类天然产物（包括植物天然产物、微生物天然产物、海洋动物天然产物）的提取分离。力求理论与实践相结合，将最新提取分离工艺理论与实际应用技术融为一体。

天然产物的提取与分离涉及较广泛的知识领域，限于作者的知识水平，在撰写过程中难免有不足之处，敬请广大读者批评指正。

作　者

2023年11月

目　录

第1章 天然产物概述

    天然产物是指自然界的生物（包括植物、动物和微生物）产生的次生代谢产物。这些产物种类繁多，结构多样，具有多种生物功能，包括但不限于药用、营养、免疫等。天然产物在人类生活中有着广泛的应用，如中草药、食品、化妆品等。其中，中草药是天然产物的代表之一，其有效成分往往是一些具有药理作用的化合物，如黄酮类、生物碱类等。这些化合物可被用于治疗各种疾病，如感冒、咳嗽、高血压等。天然产物的提取和分离是天然产物研究的重要环节。一般来说，提取和分离天然产物包括破碎、浸提、过滤、浓缩、结晶等步骤。在提取和分离过程中，可以采用不同的技术手段，如超声波辅助提取、微波辅助提取、高速逆流色谱等，以提高提取和分离的效率。天然产物的研究对于人类健康和生活具有重要意义，随着科学技术的不断发展，对天然产物的研究和利用也将更加深入，进而为人类带来更多的益处。

1.1　天然产物的概念

天然产物是指动物、植物和微生物体内的组成成分或其代谢产物，以及人和动物体内许许多多内源性的化学成分，其中主要包括萜类化合物、酚类物质、甾体类化合物、脂肪酸、生物碱、多糖、维生素、油脂、氨基酸和蛋白质等。这些成分可能来自植物、动物、微生物等生物体，也可以是这些生物体的代谢产物。在人类与疾病的长期斗争过程中，天然产物发挥着关键且重要的作用。

天然产物也包括次生代谢产物。这些次生代谢产物并非生物体生存所必需的小分子（相对分子质量小于1500），也不是组成生物体的基本元素。这些次生代谢产物种类繁多，包括在逆境时产生的逃避代谢产物、防御代谢产物、调节分子等。这些化合物在结构上存在较大差异，通常可以分为酚类化合物、萜类化合物和含氮有机碱等类型，其中酚类、生物碱和有机酸等具有代表性[1]。

1.2　天然产物的分类

天然产物的分类方式有很多，如根据来源分类、根据化学结构分类等。

1.2.1　天然产物根据其来源分类

1.2.1.1　植物提取物（简称植提）

植物性产物是从植物的根、茎、叶、花、果和种子中提取和分离的有效成分。这些有效成分对皮肤和毛发的功效相当于民间传统的草药。从植物中提取得到的单一或混合物质具有多种生物活性，这是天然产物的一个重要类别。植物性天然产物根据其结构和性质主要分为黄酮类物质、皂苷类物质、香豆素类物质、酚类物质、醌类物质、生物碱类物质、挥发油类物质、多糖类物质、有机酸、脂类物质以及海藻类物质。这些提取物在医药、保健品、化妆品等领域得到广泛应用，如抗氧化剂、免疫调节剂、改善心血管功能类、镇静剂类等。植物提取物的生物活性与其化学成分密切相关。例如，多酚类化合物具有很强的抗氧化和抗炎作用，可以预防心血管疾病和癌症等；生物碱类化合物具有抗菌、抗病毒等作用，可以用于治疗一些感染性疾病；多糖类化合物具有免疫调节作用，可以增强机体免疫力。

植物提取物的提取和分离方法有多种，如物理提取法、化学提取法、生物酶解法等。这些方法可以结合使用，以提高提取和分离的效率。在提取和分离过程中，需要注意控制温度、压力、溶剂等条件，以保证得到的提取物具有较好的质量和纯度。

1.2.1.2　动物产物

动物产物包括各种动物体内的组成成分或其代谢产物，例如蛋白质、酶、激素、抗体、乳汁、卵等。这些产物可能具有多种生物功能，包括营养、药用、免疫等，具有重要的应用价值。例如，动物乳汁可以作为人类食品的营养来源，而动物皮毛则可以用于制作衣物和工艺品。

以下是一些常见的动物产物及其生物功能。

（1）蛋白质。蛋白质是动物体内最丰富的有机物，具有多种生物功能，如构成细胞结构、催化化学反应、传递信号等。一些蛋白质还具有免疫原性，可以刺激机体产生免疫反应，如免疫球蛋白。

（2）氨基酸。氨基酸是蛋白质的基本组成单位，具有多种生物功能，如合成蛋白质、代谢能量、形成神经递质等。

（3）脂质。脂质是动物体内重要的能源物质，同时也可以构成细胞膜和其他细胞结构。一些脂质还具有信号分子的作用，可以传递信号，如花生四烯酸。

（4）维生素。动物需要从食物中摄取维生素，以维持正常的生理功能。不同的维生素具有不同的生物功能，如促进免疫反应、参与能量代谢等。

（5）激素。激素是由动物内分泌腺分泌的化学物质，可以调节机体的生理功能。不同的激素具有不同的生物功能，如胰岛素可以调节血糖水平；甲状腺激素可以促进生长发育等。

1.2.1.3　海洋生物产物

海洋生物产物包括海洋生物体内的组成成分或其代谢产物。这些成分可能具有多种生物功能，包括药用、营养、免疫等。例如，海藻多糖是一种具有免疫调节、抗肿瘤、抗辐射等多种生物活性的海洋生物产物，而海洋微生物则可以产生许多具有药用价值的化合物，如抗生素、抗癌药物等。以下是一些常见的海洋生物产物及其生物功能。

（1）海洋生物碱。海洋生物碱是一类具有生理活性的有机化合物，具有抗菌、抗病毒、抗炎等药理作用。例如，河豚毒素是一种强烈的神经毒素，可以用于治疗癫痫、疼痛等。

（2）海洋多肽类化合物。海洋多肽类化合物是由海洋生物体内产生的一类化合物，具有抗肿瘤、抗氧化、抗炎等药理作用。例如，海葵毒素是一种非离子通道阻断剂，可以用于治疗心律失常等。

（3）海洋脂质。海洋脂质是一类重要的天然产物，具有抗肿瘤、抗炎、抗氧化等药理作用。例如，角鲨烯是一种具有抗肿瘤活性的脂质，可以用于治疗肺癌、乳腺癌等。

（4）海洋氨基酸和肽类化合物。海洋氨基酸和肽类化合物具有多种生物功能，如抗菌、抗炎、抗肿瘤等。例如，海藻多糖是一种具有免疫调节作用的氨基酸和肽类化合物，可以用于治疗哮喘、慢性支气管炎等。

（5）海洋维生素和矿物质。海洋维生素和矿物质是海洋生物体内必需的营养物质，具有多种生物功能，如促进生长发育、维持免疫功能等。例如，海藻钙是一种具有补钙作用的矿物质，可以用于预防和治疗骨质疏松等。

1.2.1.4　微生物产物

微生物产物包括微生物体内的组成成分或其代谢产物，是由微生物体内产生的化学成分，这些成分具有多种生物功能，包括但不限于药用、营养、免疫等。以下是一些常见的天然产物中的微生物产物及其生物功能。

（1）抗生素。抗生素是由微生物产生的具有抗菌、抗炎、抗肿瘤等药理作用的化合物。例如，青霉素是一种广谱抗生素，可以用于治疗细菌感染引起的疾病。

（2）微生物多糖。微生物多糖是由微生物产生的多糖类化合物，有免疫调节、抗肿瘤等药理作用。例如，香菇多糖是一种具有免疫调节作用的微生物多糖，可以用于治疗癌症、肝炎等疾病。

（3）微生物代谢产物。微生物代谢产物是由微生物体内产生的各种代谢产物，具有多种生物功能，如抗菌、抗炎、抗肿瘤等。例如，紫杉醇是一种具有抗肿瘤作用的微生物代谢产物，可以用于治疗乳腺癌、肺癌等疾病。

微生物的代谢作用包括合成代谢和分解代谢两种形式。合成代谢产物是微生物生长和繁殖所必需的物质。分解代谢产物是在微生物生长缓慢或停止生长时期所产生的。微生物的代谢产物种类繁多，可以包括有机酸、气体、色素、抗生素、酶类、毒素等。这些代谢产物在微生物的生长、繁殖以及与外界环境的相互作用中发挥着重要作用。

（4）微生物色素。微生物色素是由微生物产生的色素类化合物，具有抗氧化、抗炎等药理作用。例如，灵芝孢子油是一种具有抗氧化作用的微生物色素，可以用于治疗肝炎、肝硬化等疾病。

1.2.2　天然产物根据其化学结构分类

天然产物根据其化学结构分类可以分为萜类化合物、脂肪酸、生物碱、多糖、多肽和蛋白质类、黄酮类化合物、醌类化合物、皂苷类化合物、香豆素和木质素类、大环内酯类（海洋天然产物）、聚醚类、氨基酸及肽类、前列腺素类似物等类型。下面仅就其中的某几类展开讨论。

1.2.2.1　萜类化合物

1.萜的含义及命名

（1）含义

萜类化合物是指由异戊二烯单位组成的、分子中含有10个以上碳原子的天然化合物。这些化合物通常存在于植物和动物体内，如薄荷油、松节油、胡萝卜素、虾红素等。

（2）命名

按照国际纯粹与应用化学联合会规定的系统命名法，可以将萜类化合物命名为"开链–异戊二烯–n"或"环–异戊二烯–n"，其中，"n"是异戊二烯单位的数目。在我国，通常会根据英文俗名翻译过来，并加上相应的类名，如"烷""烯""醇"等。习惯上，人们还会使用一些俗名来称呼这些化合物，如薄荷醇。

2.萜类化合物的理化性质

（1）物理性质

单萜、倍半萜等低分子量的萜类化合物通常是液态，具有挥发性；二萜、二倍半萜等分子量较高的萜类化合物通常是固态，不具有挥发性。许多萜类化合物具有旋光性和苦味。

（2）化学性质

①鉴别反应。酚酮类化合物能与多种金属离子反应形成络合物，表现出不同的颜色。比如，铜络合物呈现绿色结晶体，铁络合物呈现赤红色结晶体。环烯醚萜类成分具有半缩醛羟基，其化学性质活跃，常用于鉴别环烯醚萜及其苷。

②化学反应。

第一，加成反应。含双键的萜类化合物可与卤素、亚硝酰氯、卤化氢等试剂发生加成反应。

第二，氧化反应。高锰酸钾、臭氧、四醋酸铅、铬酐及二氯化硒等是重要的氧化剂，可用于分离和纯化羰基萜类化合物。

第三，脱氢反应。脱氢是确定萜类化合物结构的母核方法之一。在脱氢过程中，萜类成分的脂环结构发生变化，表现为芳环结构。

1.2.2.2 脂肪酸

1.脂肪酸的理化性质

（1）脂肪酸的熔点和沸点

熔点是固态变为液态的温度临界值，脂肪酸熔化时达到熔点会呈现固液平衡状态。分子质量越大，冷却能力越强；偶数碳的熔点更高，而奇数碳的熔点则较低。随着碳原子数量增加，支链脂肪酸的熔点也会升高。沸点与相对分子质量和压力有关，不饱和脂肪酸的沸点比饱和脂肪酸低3~5℃。支链脂肪酸沸点较低，且其随支链度的增加而降低。

（2）脂肪酸的密度和黏度

密度指单位体积物质的质量，液态脂肪酸密度小于$1g/cm^3$。相对分子质量增大，密度减小。不饱和脂肪酸的密度比饱和脂肪酸大，带有共轭双键的脂肪酸密度较大。

（3）脂肪酸的折射率

折射率与相对分子质量和结构有关，相对分子质量增大，折射率增大。

（4）自动氧化

自动氧化的速率受脂肪酸的不饱和度、双键位置、顺反构型等因素影响，同时与金属设备、温度、水分、光和射线等因素有关。

2.脂肪酸的生理功能

脂肪酸在人体中有许多重要的生理功能。首先，单不饱和脂肪酸可以降低血糖，对于2型糖尿病患者来说是一种有效的营养补充。此外，它还可以调节血脂，降低胆固醇和低密度脂蛋白胆固醇的含量；高单不饱和脂肪酸膳食还可以防止记忆和认知功能下降；多不饱和脂肪酸在抑制肥胖、促进神经系统的发育和对胆固醇的代谢方面也发挥了重要作用。

1.2.2.3 生物碱

生物碱是植物中的重要化学成分，具有多种分类和化学结构，如有机胺类生物碱、吡咯衍生物类生物碱、吡啶衍生物类生物碱、喹啉衍生物类生物碱和异喹啉衍生物类生物碱、吲哚衍生物类生物碱、嘌呤酮衍生物类生物碱、萜类生物碱、甾体类生物碱等。

生物碱是一类天然产物，广泛存在于植物、动物和微生物中。它们具有多种生物活性，如抗肿瘤、抗菌、抗病毒、抗炎、抗氧化、抗抑郁等，对人体健康具有多种益处。在植物中，生物碱通常作为防御性化合物合成，以防止植物受到病虫害的侵袭。因此，它们通常具有毒性，但也可以用于开发药物和其他产品。例如，阿司匹林是一种由柳树皮提取的生物碱，具有解热镇痛作用，已成为世界上最常用的药物之一。

1.2.2.4 多糖

（1）多糖的分类及化学结构

多糖是多种天然存在的化合物，具有多种功能和结构。其分类方式有多种，例如根据分子组成可分为均一多糖和非均一多糖。均一多糖是由一种单糖分子缩合而成，如淀粉、糖原和纤维素等；而非均一多糖是由不同单糖分子缩合而成，如透明质酸和硫酸软骨素等。多糖在自然界中分布广泛，存在于高等植物、动物细胞膜、微生物（细菌和真菌）细胞壁中。它们具有多种功能，如维持生物体的正常生理循环和生命代谢以及提供能量等。

多糖的化学结构复杂，其组成的大分子通常由20多个到上万个单糖单位组成。这些单糖单位可以通过糖苷键连接在一起形成多糖链。多糖链的排列顺序、组成、异头物构型、连接方式以及分支长度和位置等都是多糖一级结构的重要组成部分。与蛋白质和核酸类似，多糖的结构也可以分为一级、二级、三级和四级结构[2]。

多糖的一级结构包括糖基排列顺序、组成、异头物构型等；二级结构则是由氢键结合形成的各种聚合体；三级结构是指重复多糖链一级结构的顺序；四级结构是指综合起来的多聚链间非共价链形成的聚集体。这些结构层次之间的相互作用和影响构成了多糖的复杂性和多样性，使其在生物体内发挥多种重要的功能。

（2）多糖的理化性质和生理功能

多糖是由10个以上单糖通过糖键连接形成的化合物，其性质与单糖有显著差异。多糖在自然界中广泛分布，具有多种生理功能，可以作为贮存能量的物质，支持细胞结构和参与细胞分裂等。

多糖的生理功能多样，其中最重要的是其免疫增强作用。多糖能够刺激免疫细胞的活性，增强机体的免疫力，延缓衰老，抗缺氧、抗疲劳。此外，多糖还具有降血糖、降血脂、抗血凝等多种生理活性。近年来，多糖的医学价值越来越受到重视，新的用途也不断被发现。

多糖的抗氧化作用是通过清除自由基实现的。在生物体内，超氧自由基是一种重要的自由基，它会对生物大分子产生破坏作用，导致生物体衰老和疾病的发生。多糖能够清除这种自由基，从而保护细胞免受氧化损伤。

多糖的抗病毒和抗肿瘤活性也是其重要的生理功能之一。硫酸多糖是抗病毒多糖研究的重点，它可以干扰病毒的吸附和侵入，抑制病毒的逆转录酶活性。香菇多糖在硫酸化后具有抗HIV活性，能够有效抑制HIV-1产生细胞病变。多糖的抗肿瘤活性与其分子结构、分子质量、溶解度等多种因素有关。具有显著抗肿瘤活性的多糖主要是以(1→3)β–D葡聚糖和以(1→4)β–D葡聚糖占优势的多糖。这些多糖不易被体内D-葡聚糖酶水解，具有较长的支链，能够更好地发挥抗肿瘤作用。

1.2.2.5 多肽和蛋白质类药物

多肽和蛋白质类药物主要指用于预防、治疗和诊断的生物药物，包括多肽和蛋白质两类物质。多肽是由多个氨基酸通过肽键连接而形成的一类化合物，通常由10~100个氨基酸分子组成，其连接方式与蛋白质相同，相对分子质量低于10000。多肽普遍存在于生物体内，迄今在生物体内已发现数万种多肽，其在调节机体内各系统、器官、组织和细胞功能活动中发挥着重要作用。

蛋白质是由一条或多条多肽链组成的生物大分子，通常每个多肽链含有几十至几百个氨基酸残基。这类分子在生物体内执行着多种生物学功能，是维持生命活动的关键组成部分。多肽和蛋白质类药物的研究和应用在生物医学领域中具有重要的意义，广泛应用于治疗疾病、提高免疫力和开发诊断工具等方面。

1.蛋白质的结构

蛋白质由氨基酸为单元组成，通常相对分子质量范围为$10^3 \sim 10^5$。它以多肽链的形式存在，通常包括一级、二级、三级和四级结构。

一级结构是指氨基酸残基的排列顺序，是蛋白质化学结构中最重要的部分。胰岛素、血红蛋白和细胞色素C等蛋白质的一级结构已经明确。二级结构是指多肽链的构象，包括螺旋结构和β-结构。三级结构是指一条多肽链在二级结构的基础上进一步盘曲或折叠的空间排布。肌红蛋白和血红蛋白的三级结构也是明确的。四级结构是指由两条或多条肽链通过次级键相互结合而形成的有序排列的空间结构。这些研究为理解蛋白质的功能和结构提供了重要基础[3]。

2.蛋白质的性质

（1）胶体性质。蛋白质分子质量较大，在水中形成胶体溶液，具有布朗运动、光散射现象、电泳现象等特性。这一性质在生物学中具有重要意义，如蛋白质的分离纯化等。

（2）疏水性。蛋白质的疏水性与其氨基酸成分有关，同时也受到蛋白质空间结构、表面性质和脂肪结合能力等因素的影响。测定蛋白质表面疏水性的方法主要有分配法、HPLC法、结合法、荧光探针法等。

3.蛋白质的生理功能

（1）人体主要组成成分，占人体体重的16%~20%，是构建肌肉、骨骼、血液、神经、皮肤、毛发等人体组织的基本物质。

（2）参与细胞的新陈代谢，通过分解氨基酸并重新合成，以维持细胞的基本功能。

（3）调节渗透压，通过维持血浆电解质和胶体蛋白质的浓度，保持水分平衡。

（4）维持体液的酸碱平衡，酶的活性受酸碱水平的影响，从而影响人体的正常生命活动。

1.3　天然产物开发利用概况

自人类社会诞生以来，天然产物就成为我们生活中不可或缺的一部分。从简单的原料利用到18世纪末的科技水平提高，动植物被制成了许多纯净的有机物，如尿素的首次获得。这些成果吸引了无数有机化学家，他们通过不懈努力，逐渐揭示了这些成分的化学性质、结构、功能以及生物体代谢等。同时，新的化学反应与方法也被发明出来，极大地丰富了有机化学的发展。天然产物提取行业在近年来发展迅速，涉及面广，涵盖了多个行业。据报道，20世纪90年代中期，美国的天然产物提取企业有1000多家，西欧有580多家，日本有300多家。这些公司包括生命科学和精细化工等领域的世界性大公司，也有在某方面有专长的小公司。

1.3.1　天然产物在医药行业的开发利用概况

天然产物化学研究成果已经广泛应用于医药行业，为人类健康提供了诸多天然药物。这些天然药物具有新颖的结构、高效的疗效和较小的副作用，成为制药工业中新药研究的重要来源之一。

我国在天然产物化学研究方面取得了显著成果，成功研发并批量生产了一些分离难度较大的植物药，例如用于治疗高血压的利血平、抗癌药长春新碱、子宫收缩药麦角新碱等。此外，我国还率先研制成抗癌药羟喜树碱、抗白血病药高三尖杉酯碱等新药，这些药物已经应用于临床治疗。

天然产物是药物研发的重要宝库。在2000年，20个最畅销的非蛋白质药物中，有9个与天然产物有关或由其衍生而来，这些药物的年度销售额合计超过160亿美元。这些天然产物不仅为药物开发者提供了丰富的资源，而且常常被用作开发新药的模板分子。例如，1995年发现的244个原型化学结构中，有83%来源于动物、植物、微生物和矿物，而仅17%来自化合物的意外生物作用或化学合成。近年来，全合成研究取得了很多突破，通过化学手段成功合成了很多具有生物活性的天然产物，例如紫杉醇和长春新碱。此外，随着基因组学和生物技术的发展，人们已经能够通过生物合成途径来生产天然产物。这种方法不仅可以提高产物的产量，还可以降低生产成本。除此之外，天然产物的科研成果还广泛应用于农业和工业。例如，昆虫保幼激素已经被用于增加蚕的产量。这些应用展示了天然产物在多个领域中的巨大潜力和广泛影响。

1.3.2　天然产物在食品行业的开发应用概况

农产品加工的基石是天然产物。以美国的玉米加工为例，其产品超过3500种，包括山梨醇、木糖醇、甘露醇、淀粉水解产物氢化和麦芽糖醇等淀粉糖。20世纪80年代起，天然产物提取行业在科技方面取得了巨大的进步，促使整体技术水平显著提升。许多新技术开始被广泛应用，其中，发酵工程技术已经取得了显著的成就，其广泛应用于各个领域，市场份额也显著增长。据估计，全球发酵产品的市场总规模达到120亿~130亿美元，其中抗生素占46%，氨基酸占16.3%，有机酸占13.2%，酶占10%，其他占14.5%。这种科技的进步使得发酵工业的收率和产品纯度都得到了大幅提高。

近年来，我国的食品天然产物提取产业取得了显著的发展，涌现出一系列的成功案例。其中，柠檬酸的生产成绩斐然，不仅在国内占据主导地位，更是在全球产业链中发挥着举足轻重的作用。其生产工艺和技术水平已达到国际领先水平，为我国的食品添加剂产业注入了强大的创新动力。黄原胶的生产领域也取得了令人瞩目的突破。在发酵设备、分离技术及成本方面的产业化进展，为黄原胶的大规模生产提供了可靠的技术支撑。这项成就的取得，不仅提高了我国在国际市场上的竞争力，也为食品工业的可持续发展奠定了坚实基础。除此之外，酶制剂、单细胞蛋白、纤维素酶、胡萝卜素等多个产品的生产和研发都在逐步走向成熟。这些天然产物提取产品，不仅满足了市场对健康、高品质食品的需求，同时也在推动我国食品产业由传统向现代化、科技化迈进，取得了阶段性的成果。同时，在化学致癌因素被发现后，食品工业正迅速调整方向，转向应用天然色素与香料。其中，甜叶菊中的甜味剂逐渐成为替代糖精的理想选择。这一战略性的调整不仅使得食品更加天然、更贴近消费者的健康需求，同时也推动了食品工业的可持续发展[4]。

分离和纯化技术在天然产物提取领域中取得了重大进展。分离和纯化是生产过程中成本高昂的环节。由于涉及的步骤烦琐且耗时，它已经成为限制生产效率的一个关键因素。因此，在该领域，寻找经济实用的分离和纯化技术成为一个备受关注的热点话题。目前已经大规模应用的分离与纯化技术包括双水相萃取、层析分离、大规模制备色谱、膜分离、超临界CO_2提取、微胶束萃取等。在分离与纯化方面，亲和层析受到了广泛关注。有人研制了一种综合专家系统软件包，根据产品需要进行分离方法和顺序的选择，并且可以在几分钟内完成。这种软件包可以有效地指导分离和纯化过程，提高生产效率和降低成本。

利用动植物细胞的大规模培养技术，将细胞与酶固定化，并将提取分离技术结合在一起，可以在生化反应器中实现计算机技术的数字化处理，从而优化整个生化反应过程。

近年来，随着人们对健康饮食的关注和追求，保健食品市场逐渐兴起，而其基础就是天然产物。为了满足不同形态和功能的需求，保健食品需要通过人体和动物试验来验证其生理功能，同时还需要明确具有该功能的因子及其结构、含量、作用机制和在食品中的稳定性。

1.3.3　天然产物提取的技术发展

随着生物工程技术的不断进步和化学工业结构及产品结构的持续调整，越来越多的生物技术产品在实现规模化生产方面极度依赖于天然产物的提取技术。与此同时，许多化学品的生产工艺也已经被生物法所取代，这显示出了生物法在生产中的巨大优势。传统的低价位产品在这股浪潮下逐渐受到冷落，而高价位的产品，如生化药物、保健品、生物催化剂等，则越来越受到市场的追捧和消费者的青睐。

1.3.3.1　发酵工程技术取得了显著的成效

发酵工程技术的发展取得了显著的成效，不仅在食品、饮料、医药、化工等领域得到了广泛应用，而且为人类的生产和生活带来了巨大的便利和效益。

随着发酵工程技术的发展，越来越多的发酵产品被开发出来，如抗生素、氨基酸、有机酸、酶制剂等。这些产品的应用范围广泛，涉及医药、农业、食品、化工等多个领域。例如，抗生素是治疗各种感染性疾病的重要药物，氨基酸是生物体内必需的营养物质，有机酸具有广泛的工业用途，酶制剂则广泛应用于生物催化领域。

在生物技术的影响下，发酵工程技术也不断得到改进和优化。现代发酵工程技术采用了先进的细胞培养技术、基因工程技术、蛋白质工程技术和代谢工程技术等，使得发酵过程的效率更高、产物的产量和质量更好。此外，现代发酵工程技术还采用了先进的自动化控制技术和计算机技术，使得发酵过程更加精确和可控。

此外，随着发酵工程技术的不断改进和优化，发酵工业的收率及产品纯度也不断得到提高。这意味着在相同的条件下，使用更少的原料和能源可以生产出更多的产品，同时产品的质量和纯度也得到了提高。这对于降低生产成本、提高产品质量和市场竞争力具有重要意义。

目前，发酵工程技术不仅在生产领域有着广泛的应用，而且在环保领域也得到了应用。例如，利用微生物降解有机废弃物和废水，将其转化为无害物质或能源，可以有效减少环境污染和资源浪费；利用微生物治理重金属污染、放射性污染等环境问题也取得了显著的成效。据统计，近年来，全球发酵产品市场约为1610亿美元，其中抗生素的销售额为642.7亿美元，占市场的39.9%；氨基酸的销售额为256亿美元，占15.9%；有机酸的销售额为233亿美元，占14.5%；酶制剂的销售额为61亿美元，占3.8%。而其他的发酵产品占市场的25.9%。这些数字的背后是发酵技术的不断进步和发酵工业收率及产品纯度的极大提高。

1.3.3.2　工业化分离与纯化技术突飞猛进

工业化分离与纯化技术是现代工业生产中不可或缺的一部分，随着科技的不断进步，这些技术也在不断发展，且取得了显著的成效。一方面，分离纯化技术的效率不断提高。例如，色谱/层析技术作为目前分离复杂组分最有效的手段之一，被广泛应用于工业分离纯化。这种技术可以在温和的条件下将混合物中的各个成分进行分离，具有适用范围广泛、条件温和、分离效果好的优点。此外，一些新的分离纯化技术如膜分离法、电泳分离法、逆渗透技术等也得到了快速发展和应用。另一方面，工业化分离与纯化技术的自动化程度不断提高。例如，一些先进的分离纯化设备采用了计算机控制技术和传感器技术，可以实现自动化操作和远程监控。这不仅可以提高生产效率，还可以减少人为操作失误和安全事故的发生。

在生产过程中，分离与纯化步骤的成本占据了相当大的比例，达到总生产成本的50%~70%，有的甚至高达90%。由于分离纯化的过程涉及众多步骤且耗时较长，如何提高这个环节的效率成为制约生产的关键因素。因此，在天然产物提取领域，寻找经济实用的分离纯化技术成为研究的重要焦点。诸如超临界CO_2萃取、亚临界萃取、双水相萃取、层析分离、大规模制备色谱分离、膜分离、微胶束萃取等新技术，都在天然产物的提取过程中得到了广泛应用[5]。

此外，工业化分离与纯化技术还注重环保和可持续发展。例如，一些新型的分离纯化技术如生物分离法、超临界流体萃取法等，不仅具有高效、环保的特点，还可以将废弃物减少到最低程度，实现资源的循环利用。

1.3.3.3　上游技术和下游生产的结合日益紧密

上游技术和下游生产的结合日益紧密，这是现代工业发展的一个重要趋势。这种结合的实现，需要依靠先进的上游技术和高效的下游生产流程的紧密配合。在许多行业中，如石油化工、制药、生物技术等，上游技术的创新和进步直接决定了下游生产的效率和产品质量。例如，在制药行业，新的药物分子设计和合成技术可以大大提高下游生产效率和质量。在生物技术领域，基因编辑技术和细胞培养技术的进步为下游生产提供了更好的基础。下游生产的需求也推动了上游技术的发展。下游生产过程中遇到的问题和挑战，往往需要上游技术进行改进和创新来解决。例如，在石油化工行业中，为了提高产品的质量和产量，需要不断优化上游的石油开采和加工技术。在制药行业中，为了生产出更安全、更有效的药物，需要不断探索和改进药物设计和合成技术。

上游技术和下游生产的紧密结合还可以带来更好的经济效益和环境效益。通过优化上下游流程和技术，可以提高生产效率、降低成本、减少废弃物和污染物的排放。例如，在能源领域，太阳能电池板的生产需要上游的半导体技术和材料科学技术的支持，而太阳能发电的下游生产则需要高效的电力系统和储存技术的支持。通过优化上下游技术和流程，可以实现更高效、更环保的能源生产和利用。例如，通过基因工程技术改造关键酶的活性和稳定性，可以显著提升其性能，为氨基酸的合成提供了更为有效的途径。这种技术手段不仅加强了生物体内氨基酸的生产，也促进了氨基酸生产过程的可控性和可调性。随着基因重组技术的不断发展，蛋白质工程作为第二代基因工程的代表正逐渐崭露头角。其在改善酶的催化效率、抗逆性、耐高温性等方面展现了巨大的潜力。这不仅有望进一步提高氨基酸的产量，也将推动生物技术在工业生产中的广泛应用，展现了光明的前景。

随着科技的进步和社会需求的变化，天然产物的生产方式也在不断变革和完善。从发酵工程到工业化分离纯化技术，再到基因工程和蛋白质工程等高科技的应用，我们看到了科技的力量如何推动这个行业的持续发展和进步。同时也要看到仍有许多问题需要我们去探索和解决，这需要我们不断地进行学习和创新才能实现。

1.4　天然产物的提取与分离纯化

除了上述已知的化学成分，天然产物还包括许多未知物质。这些未知物质可能是具有特殊药理作用或生物活性的新化合物，也可能是对人类健康有益的其他物质。天然产物中的化学成分具有不同的物理化学性质，例如溶解度、稳定性、酸碱度等。这些性质对于选择合适的提取和分离方法至关重要。例如，一些化合物可能在水或有机溶剂中具有不同的溶解度，因此可以选择适当的溶剂进行提取。由于天然产物中的有效成分含量通常非常微量，因此精确地提取和分离这些成分是非常重要的。同时，一些化合物可能在提取和分离过程中变得不稳定，因此需要采用特定的技术和条件来保证这些成分的活性。

1.4.1　天然产物的提取方法

对于天然产物的开发利用，首先需要从复杂的天然资源中提取并分离出具有特定价值的单一成分。这一步骤是至关重要的，因为天然产物往往包含多种化学成分，而这些成分可能相互影响或干扰目标成分的提取。选择适当的提取方法对于确保所需成分的成功提取至关重要。适当的提取方法应能最大限度地提取出目标成分，同时尽可能简化提取步骤并提高效率。这需要深入了解目标成分的物理化学性质，以及各种提取方法的优缺点。此外，对于某些天然产物，可能存在多种具有相似性质的成分，因此需要采用特定的分离技术来将它们彼此分离。这需要精确地控制条件和参数，以确保每个成分都能被有效地分离和纯化。

1.4.1.1　天然产物化学成分的预试验

根据极性相似相溶原理，溶剂和有效成分的极性越相似，溶解度就越高。因此，可以根据溶剂的极性和有效成分的极性来判断它们的溶解度。在天然产物中，不同成分的极性差异较大，因此可以根据成分的极性初步分为几个部分。然后，再根据各个成分在溶剂中的溶解度进行进一步的分离和纯化。此外，除了极性相似相溶原理外，还可以利用其他物理化学性质，如分子量大小、官能团等来判断不同成分的溶解度和提取方法。这些性质的不同组合可以帮助我们更全面地了解天然产物中的化学成分，从而更好地进行提取和分离。

在实践操作中，我们通常会利用不同的溶剂来提取天然产物中的不同成分。水是一种常用的提取溶剂，它可以用于提取非极性物质。而醇则能提取大部分成分，因此我们常常采用石油醚、水、95%乙醇的三段法进行粗分，以提高工作效率。这种三段法是一种常用的分离方法，其原理是根据不同成分在不同溶剂中的溶解度进行分离。首先，使用石油醚作为溶剂，将天然产物中的脂溶性成分提取出来。其次，使用水作为溶剂，将水溶性成分提取出来。最后，使用95%乙醇作为溶剂，将醇溶性成分提取出来。通过这种三段法，可以将天然产物中的不同成分分别提取出来，并进行初步的分离和纯化。这种方法不仅简单易行，而且可以提高工作效率，为后续的开发利用提供便利。同时，还可以根据实际需要调整溶剂的种类和比例，以达到更好的分离效果[6]。

天然产物化学成分的预试验流程如图1-1所示。

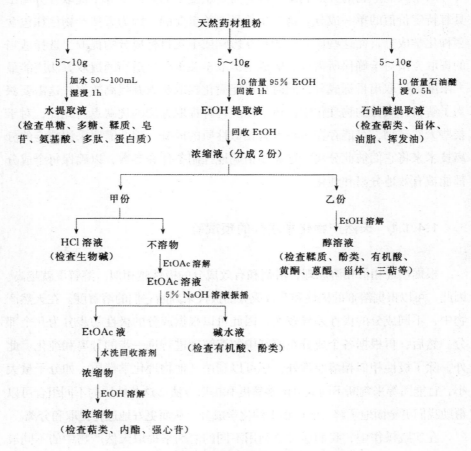

图1-1　天然产物化学成分的预试验流程

1.4.1.2 天然产物的提取

（1）传统溶剂提取法

实验室传统的溶剂提取法包括浸渍法、渗漉法、煎煮法、回流提取法及连续回流提取法等，在本书第3章详细介绍。

（2）水蒸气蒸馏法

水蒸气蒸馏法是一种常用的植物成分提取方法，适用于提取能随水蒸气蒸馏而不被破坏的植物成分。这种方法的基本原理是：当水与不相溶的物质共存时，整个系统的蒸汽压等于各部分蒸汽压之和。因此，在混合物沸腾时，温度要低于各组分单独存在时的沸腾温度。

由于这个原因，某些小分子生物碱、小分子的酸性物质以及一些在水中溶解度较大的挥发性成分都可采用此方法进行提取。

（3）超临界流体提取法

超临界流体提取是一种利用超临界条件下流体的特殊性能对样品进行提取的方法，非常适合用于对植物成分的提取。超临界流体萃取采用的流体种类有很多，水、甲苯、乙烷、CO_2等都可作为流体，最常使用的物质是CO_2，因为它不仅具备较低的临界温度和压力，还具备化学惰性（无燃烧爆炸危险，无毒性，无腐蚀性，对设备不构成侵蚀，不会对产品及环境造成污染）。

（4）固相提取法

固相提取法有两种主要操作方式：方式一，样品中的杂质会通过吸附作用被固定在柱子上，而所需的化合物则会在洗脱过程中被分离出来；方式二，所需的化合物会被柱子保留，而杂质则会被洗脱下来。

（5）超声波提取技术

超声波提取技术是一种利用超声波产生的强烈空化效应、机械振动、高加速度、乳化、扩散、击碎和搅拌作用，以加速原料中有效成分的扩散和溶解的技术。由于超声波的独特作用，提取过程中被提取物质的结构和生物活性得以保持不变，从而提高了有效成分的提取效率。以超声波工业规模提取萝芙木根生物碱为例，提取时间从原本的120小时缩短至5小时[7]。

（6）微波辅助提取技术

微波辅助提取技术是一种利用微波能量提高萃取率的新技术，它可以对目标成分进行高效加热，从而有助于目标成分的提取与分离。自1986年Ganzle等首次应用微波辅助提取技术以来，该技术已显著缩短了原本需要数小时甚至十几个小时的提取时间，实现了仅需几分钟即可完成提取的目标。

1.4.2　天然产物的分离方法

1.4.2.1　天然产物传统分离技术

（1）结晶法

选择适当的溶剂对于结晶的形成至关重要。如果无法找到单一的理想溶剂，可以选择两种或更多种溶剂的混合来达到目的。

（2）沉淀法

沉淀法是一种在样品溶液中加入特定溶剂或沉淀剂，通过化学反应或改变溶液的pH值、温度等条件，使天然产物的有效成分以沉淀的形式被分离的方法。

（3）升华法

固体物质在加热时会直接转化为气体，并在冷却时重新凝结成原来的固体，这个过程被称为升华。虽然升华法操作简单且适用于含有可升华成分的天然药物的提取，但它也存在一些缺点，例如可能会导致物质分解以及产率较低。在实际应用中，天然药物提取很少使用升华法，实验室中也只是用于少量天然药物的提取。如果采用减压加热升华的方法，可以避免上述不足，但这种方法很少用于大规模制备。

（4）离子交换法

天然产物化学成分中，具有酸性、碱性及两性基因的分子，在水中多呈解离状态，据此可用离子交换法或电泳技术进行分离。离子交换法可以用于不同电荷离子的分离。

1.4.2.2 色谱分离法

（1）吸附色谱法

吸附色谱法主要是利用吸附剂对混合物中各种成分吸附能力的不同来分离成分的。常用的吸附剂包括多孔性物质硅胶、亲水性吸附剂氧化铝、非极性吸附剂药用炭，以及高分子化学物聚酰胺等。聚酰胺的吸附能力与各种化合物及其形成氢键缔合的能力有关，一般情况下，遵循以下规律。

①形成氢键的基团数目越多，则吸附能力越强。

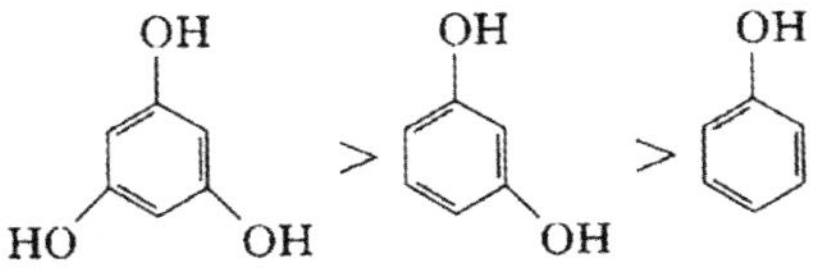

②分子间形成氢键的吸附能力要强于分子内形成氢键。

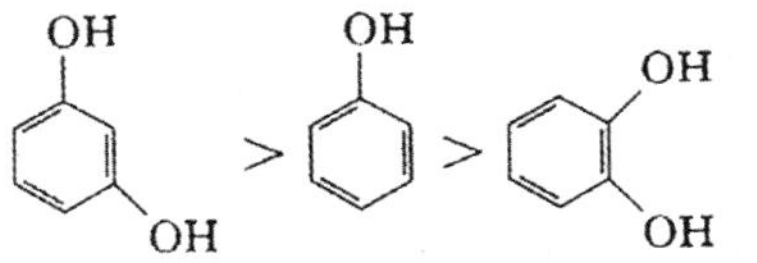

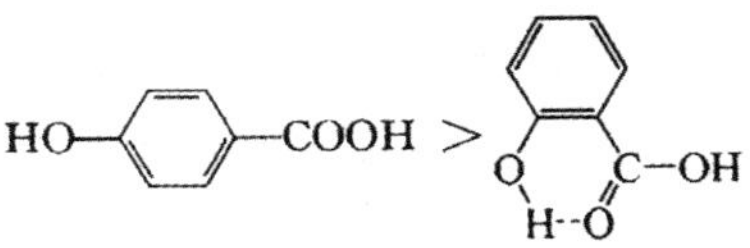

③分子中芳香化程度越低，吸附能力越弱；芳香化程度越高，吸附能力越强。

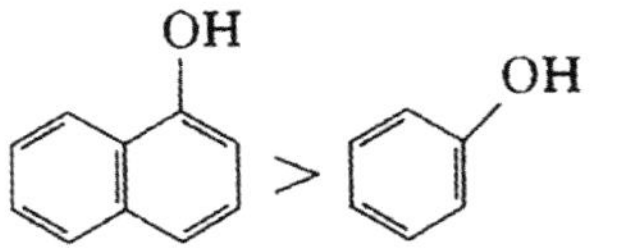

聚酰胺柱层析时，通常用水装柱，为了提高聚酰胺对样品的吸附能力，样品应做成水溶液。洗脱时采用不同浓度含乙醇的水溶液，乙醇的浓度应不断增加，逐步增强从柱上洗脱物质的能力。聚酰胺吸附色谱如图1-2所示。

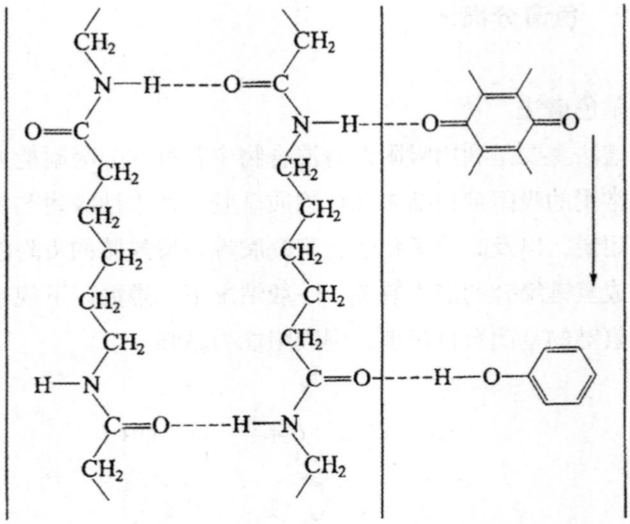

固定相　　　　　　　移动相

图1-2　聚酰胺吸附色谱

（2）快速柱色谱法

快速柱色谱法是一种高效的分离方法，能够克服一般柱色谱费时且高效液相色谱溶剂和设备昂贵的缺点。它能够简便、快速地分离成分，成为有机化学实验室中不可缺少的一种分离方法。快速柱色谱法所使用的装置如图1-3所示，主要包括玻璃柱、玻璃磨口连接处、弹簧或橡皮圈、活塞和橡皮管连接处等部分。玻璃磨口连接处用弹簧或橡皮圈扣紧，活塞为普通玻璃活塞。橡皮管连接处一般在压力为1kg/cm^{2}以下不会脱开。

（3）凝胶色谱法

凝胶色谱法是一种以凝胶为固定相，经溶液洗脱使混合物进行分离的技术。凝胶是一种具有三维网状空间的高聚物，有一定的孔径和交联度，不溶于水，但在水中有较大的膨胀度，具有良好的分子筛功能。混合物分子的大小不同，它们能够进入凝胶内部的能力不同，导致移动速度不同。大分子化合物所受的阻力较小，速度较快，能够不被滞留先被洗脱；小分子物质受到的阻力较大，速度较慢，被滞留后被洗脱，混合物质由此分离（图1-4）。

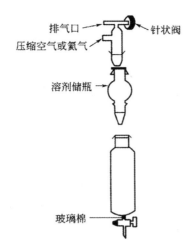

图1-3 快速柱色谱装置图

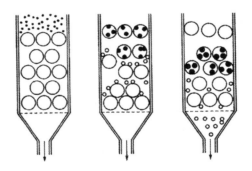

图1-4 凝胶色谱分离机制示意图

（4）高效液相色谱法

高效液相色谱法（High Performance Liquid Chromatography，HPLC）也被称为高压液相色谱法或高速液相色谱法。这是一种非常有效的分离和分析技术，主要用于化学成分的分离和检测。其工作原理是利用高压输液泵将流动相（通常是液体）以高压状态泵入系统，流动相携带待测样品通过色谱柱进行分离。色谱柱中的固定相和流动相之间存在特定的相互作用，使得不同组分在色谱柱上的移动速度不同，从而实现各组分的分离（图1-5）。

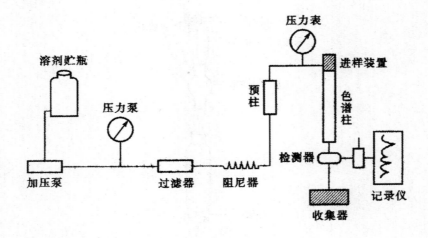

图1-5　高效液相色谱仪装置图

1.4.2.3　分子蒸馏技术

分子蒸馏技术是一种非常特殊的液-液分离技术，在分子蒸馏过程中，液体混合物可短时间内在极高真空度下快速蒸发，不同物质的分子平均自由程的差别被用来实现分离。这个技术突破了常规蒸馏依靠沸点差进行分离的原理，具有更高的分离效率和更高的产品质量。分子蒸馏技术的应用范围非常广泛，包括石油化工、食品工业、医药工业、环境保护等领域。

（1）降膜式分子蒸馏蒸发器

降膜式分子蒸馏蒸发装置是分子蒸馏器的早期形式，结构简单，如图1-6所示。

（2）刮膜式分子蒸馏蒸发器

与传统的蒸馏技术不同，刮膜式分子蒸馏蒸发器不再依赖于沸点差进行分离，而是通过非平衡蒸馏过程来实现分离。刮膜式分子蒸馏蒸发器结构示意图如图1-7所示。

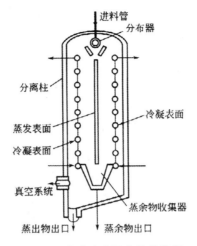

图1-6 降膜式分子蒸馏蒸发器

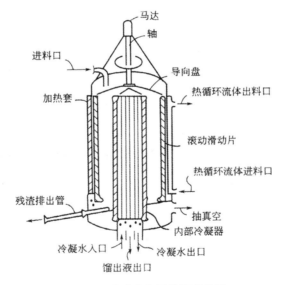

图1-7 刮膜式分子蒸馏蒸发器

（3）离心式分子蒸馏蒸发器

离心式分子蒸馏蒸发器是一种特殊的蒸馏设备，其特点是具有旋转的蒸发表面，料液靠离心力作用形成薄膜（图1-8）。这种装置的最大优点是在实际工作中可以根据被分离物质的分子运动平均自由程对蒸发面和冷凝面的间距进行调节，从而更好地控制蒸馏过程和提高分离效率。离心式分子蒸馏蒸发器在操作时需要控制的关键参数包括温度、压力、蒸发面和冷凝面的间距以及旋转速度等。通过对这些参数的精确控制，可以实现高效分离和提纯的目的。此外，该装置还具有结构简单、操作方便、能耗低等优点，因此在天然产物分离领域得到了广泛应用。

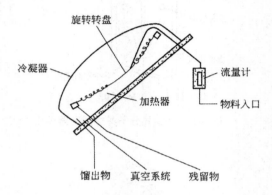

图1-8 离心式分子蒸馏蒸发器的结构示意图

1.5 天然产物应用的发展前景

1.5.1 在医疗领域中的应用

植物是药物活性成分的重要来源，其中包括了许多著名的药物，如青蒿素、羟喜树碱、高三尖等。青蒿素是我国从植物青蒿中分离出来的抗疟疾药物，而羟喜树碱和高三尖则是从短叶红豆杉中分离出来的抗癌药物。这些药物都具有独特的化学结构和生物活性，能够有效地治疗各种疾病。

天然药物除了来源于植物，还有很多来源于动物，包括多糖、蛋白多肽、蛋白酶及激素类等产品。这些药物也具有独特的生物活性和化学结构，可以用于治疗各种疾病。例如，张天民等学者研究发现，关于氨基酸、肽和蛋白质类、酶和辅酶类、糖类药物的研究报道较多。这些药物在临床治疗中发挥了重要作用，为患者提供了更多有效的治疗选择[8]。

1.5.2 在保健食品中的应用

保健食品是专为特定人群设计的，其目的在于通过调节机体功能，改善身体健康状况并预防疾病。与治疗疾病不同，保健食品并不以治疗为目标，且其使用对人体不会产生任何危害。这种食品可以通过补充营养、增强免疫力、缓解疲劳等手段来帮助维持身体健康。

在我国，保健品被分为两大类：一类是功能性食品，具有提高免疫力、缓解人体疲劳等功效；另一类是营养素补充剂，如各种维生素和矿物质。

在科学研究中，人参提取物被证明能够增强人的体力和智力。进一步的研究还发现，人参提取物制剂可以进一步提高这种功能。此外，葡萄酒中的醇和一些抗氧化成分也被证明能够保护心脏。

这些研究结果不仅提供了更深入地了解保健食品的作用机制，也为消费者提供了更多选择。在选择保健食品时，消费者应该根据自己的身体状况和需求来选择适合自己的产品，同时也应该注意产品的质量和安全性。

1.5.3 在化妆品中的应用

药妆品，有时也被称为功能性化妆品，是含有生物活性成分或治疗成分的化妆品，被广泛用于护肤、美容和健康维护等领域。药妆品的成分通常包括植物提取物、纯天然化合物、微生物发酵产物等。

紫草提取物是一种常见的药妆品成分，它具有美白肌肤和免疫激活的活性。紫草的根部含有多种化合物，如紫草素和乙酰紫草素等，这些化合物可以抑制黑色素的形成，从而使皮肤看起来更加明亮和光滑。同时，紫草提取物还可以促进免疫细胞的活化，提高机体的免疫力。

野菊水提取物是一种富含黄酮类化合物的天然植物提取物，它具有减少黑色素的功效，因此被广泛用作天然美白剂。黄酮类化合物是一种抗氧化剂，可以抑制酪氨酸酶的活性，从而减少黑色素的形成。此外，野菊水提取物还具有抗炎和抗菌的作用，可以预防皮肤炎症和感染。

微生物发酵产物也是药妆品中的重要成分之一。例如，L-乳酸是一种常见的微生物发酵产物，它具有去皱的功效。L-乳酸可以促进角质层的新陈代谢，使皮肤更加光滑和紧致。此外，酵母发酵产物中含有丰富的营养成分，如维生素、矿物质和氨基酸等，可以营养皮肤、保湿皮肤、抗老化、活化和提高免疫力等。乳酸菌发酵产物则具有保湿和抗自由基的功效，可以保护皮肤免受自由基的损害。

除了上述成分外，药妆品中还包含各类神经酰胺、核酸类物质和具有特殊功能的酶类等成分。这些成分也具有不同的功效，如保湿、抗老化、美白等。随着科学技术的不断发展和人们对化妆品成分的认识不断提高，药妆品的研究和应用也将不断深入和发展。

1.6 天然产物提取技术的发展前景

1.6.1 基于绿色溶剂的天然产物提取技术发展

水蒸气蒸馏法常用于提取天然植物中的精油，包括实验室和工业化生产。常用的场辅助技术包括微波场、超声场、电场、热场和压力场等，这些技术已经从实验室发展到产业化。在提取过程中，可以单独或联合使用这些技术。绿色溶剂主要包括水、超临界CO_2、生物质基溶剂、室温离子液体和低共熔溶剂、天然油脂和定制合成的溶剂等。同时，无溶剂过程也被认为是最好的绿色溶剂。

1.6.1.1 无溶剂提取法

在古代，人们就已经利用无溶剂提取法来制备天然产物，例如通过压榨法从橄榄、柑橘等植物中提取橄榄油和柑橘类精油。这些方法虽然简单，却展示了无溶剂提取法的实用性和效果。

随着科技的发展，现代的无溶剂提取技术已经借助了许多先进的场辅助技术，如微波辅助技术和脉冲电场辅助技术等。这些技术的应用，不仅提高了提取效率，而且还有助于保护天然产物的原有结构和功能。

目前，无溶剂微波提取法是这一领域的主要研究方向。这种技术主要利用植物原料中的原位水作为溶剂，通过微波的作用，使水分子快速振动，产生热量，从而使水溶性成分快速溶解。同时，由于微波的作用，水分子会迅速膨胀，形成水蒸气，与精油一起馏出。因此，使用无溶剂微波提取法时，需要确保原料具有一定的含水量。无溶剂微波提取法已经被广泛应用于多种挥发油的提取中，例如花椒挥发油、孜然挥发油和肉豆蔻挥发油等。这种技术不仅提高了提取效率，还保证了天然产物的质量和纯度。无溶剂微波辅助提取技术已经从实验室研究走向了工业化应用。现有的工业设备已经能够实现大规模、高效的无溶剂提取，为天然产物产业的发展提供了强有力的支持。

1.6.1.2 超临界CO_2提取法

超临界CO_2提取技术是一种利用超临界流体作为提取溶剂的绿色技术。在饮料和食品行业中，超临界CO_2提取技术被用于提取各种天然风味和营养成分。例如，使用超临界CO_2可以高效地从咖啡豆中提取咖啡因，从茶叶中提取茶多酚，以及从各种水果和蔬菜中提取营养成分。此外，超临界CO_2还可以用于改善食品的口感和质地，以及增强食品的营养价值。

在香料行业中，超临界CO_2提取技术被用于提取各种天然香料和精油。由于超临界CO_2的特殊性质，它可以将香料和精油中的有效成分高效地提取出来，而且不会破坏香料的原有结构和功能。这使得超临界CO_2成为一种理想的香料和精油提取方法，可以生产出高品质的香料和精油产品。

在化妆品行业中，超临界CO_2提取技术也被用于提取各种天然成分，如植物精华、抗氧化剂和美白剂等。这些成分可以有效地改善肌肤的质量和外观，使皮肤更加健康、光滑和年轻。此外，超临界CO_2还可以用于制备纳米脂质体和微乳液等化妆品原料，这些原料可以更好地渗透到皮肤深层，提高化妆品的效果。

1.6.1.3　基于室温离子液体和低共熔溶剂的提取方法

室温离子液体和低共熔溶剂是近年来备受关注的新型绿色溶剂。因其具有优异的溶解性能和较高的离子导电性而备受关注。在天然产物提取中，室温离子液体已经得到广泛研究，用于提取多种天然产物的有效成分。

在通过室温离子液体或低共熔溶剂提取天然产物时，可以借助超声辅助或微波加热等手段强化提取过程。超声辅助可以产生空化效应和热效应，促进目标成分的释放和溶解；而微波加热可以快速提高溶剂的温度，加速目标成分的提取过程。这些技术的应用有助于提高提取效率，缩短提取时间，降低能源消耗。

1.6.1.4　基于生物质基溶剂的提取法

生物质基溶剂在提取领域展现了广泛的应用前景，学者们对多种生物质基溶剂进行了分类和综述，其中包括甘油及其衍生物、糖类及其衍生物、葡萄糖酸水溶液、乳酸及其衍生物、二甲基四氢呋喃、来源于木质素的溶剂以及脂肪酸甲酯等。这些独特的生物质基溶剂在有机合成和提取过程中发挥着重要的作用。

1．甘油及其衍生物

甘油作为一种重要的生物质基溶剂，不仅在有机合成中有着广泛的应用，同时在化妆品行业中也具备重要地位。甘油的衍生物在提取过程中展现了卓越的性能，其独特的化学性质为提取纯化过程提供了便利。

2．糖类及其衍生物

糖类及其衍生物也是一类重要的生物质基溶剂，其水溶性质使其在水相中具有良好的提取能力。这类溶剂常常用于生物活性分子的提取，为药物开发和天然产物研究提供了有力支持。

3．生物乙醇

生物乙醇是由生物质通过微生物发酵转化得到的生物质基溶剂，具有广泛的应用前景。其在能源、食品、医药等领域均有着显著的贡献。作为可再生资源的代表，生物乙醇在提取过程中更是受到瞩目。

4．木质素来源的溶剂

来源于木质素的溶剂，因其具有对特定化合物的高选择性，使其在一些复杂体系中具备独特的提取优势。这类溶剂在木质素材料提取和利用方面发挥了积极作用。

生物质基溶剂的应用使得提取工艺更为环保、可持续，同时也为提取溶液直接应用提供了便捷的途径。例如，甘油在化妆品行业的广泛应用，不仅源于其良好的保湿性能，更因其可作为提取天然产物的理想载体，避免了后续处理中对溶剂的去除步骤。

1.6.1.5 定制合成绿色溶剂提取法

目前，绿色溶剂的设计和合成在有机合成领域已经得到了广泛的研究和报道，而在天然产物提取中也越来越受到重视。为了满足不同工业过程中对绿色溶剂的需求，很多研究者利用模拟软件来选择或设计合成新的绿色溶剂。其中，计算机辅助设计新生物质基溶剂的方法是一种比较新颖的方法。通过使用计算机模拟软件，研究者可以针对特定的工业过程需求，设计出具有更高选择性和更低毒性的绿色溶剂。这种方法不仅可以缩短研发周期，还可以大幅度降低研发成本，为绿色溶剂的发展和应用提供了新的思路。

约克大学卓越绿色化学中心甚至提出了绿色溶剂定制服务的S4概念。S4是指根据提取工业过程的需求，选择或定制合成新的绿色溶剂来代替危险的石化溶剂。这种定制合成的绿色溶剂可以更好地满足天然产物提取过程的需求，提高提取效率和提取物的质量[9]。

随着人们对环境保护和绿色健康的重视，以及技术的不断发展和完善，可以预见，定制合成的绿色溶剂在天然产物提取中会有更大的应用前景。未来，我们期待更多的研究者利用模拟软件来设计和合成新的绿色溶剂，为天然产物提取等工业过程提供更加安全、环保、高效的解决方案。

1.6.2 天然产物有效成分提取分离制备方法研究进展

随着人们对天然产物有效成分药用和食用疗效研究的深入，天然产物有效成分的提取分离技术越来越受重视。传统提取方法如浸渍法、蒸馏法等效率不高，新型提取技术如超声波辅助提取、超临界流体萃取、加速溶剂萃取、微波辅助提取等应用越来越广泛。另外，制备型高效液相色谱法和高速逆流色谱法等新型分离纯化方法逐渐取代了传统方法，在天然产物有效成分分离纯化领域得到大量应用[9]。

天然产物的特性包括组分多样、成分复杂，且有效成分含量低，对提取分离技术的灵敏度、精密度和自动化程度的要求日益提高。高效、快速、简便和环保的提取分离技术及其联用技术已成为当前的研究热点。

（1）联用技术和装置的在线化

为了实现更高效、快速的提取，同时避免样品污染和损失，缩短制备时间并增大制备量，提取分离联用技术应运而生。这些联用技术可以根据目标提取物的特性进行定制，以更短的时间和更低的能耗获得更高的产率。虽然这些技术在实验室内已经取得了一些进展，但大多数仍处于研究和开发阶段，尚未实现商业化。

（2）绿色环保的分离纯化技术

由于天然产物有效成分的含量通常较低，因此在提取分离过程中需要使用较多的有机溶剂。然而，有机溶剂的使用往往会对环境造成负面影响。为了解决这一问题，离子液体作为绿色溶剂逐渐受到关注。离子液体具有蒸汽压低、不挥发、可循环使用的优点，同时具有较大的极性可调控性和低黏度，可以减少挥发性有机化合物的使用，降低环境污染。

第2章　天然产物提取分离方法概述

人类漫长的历史中，天然药物一直是治疗疾病和保持健康的宝贵资源。这些天然产物是生物为了适应环境而精心合成的化学物质，拥有多样的化学结构和独特的生物学功能，在新药研究中扮演着不可或缺的角色。从热带雨林的植物到深海微生物的代谢产物，天然产物的多样性为医学研究提供了广阔的视野。自19世纪以来，人类已经从各种生物中发现了许多令人瞩目的化学结构和生理活性的天然产物，如吗啡、青蒿素等。而这些重要的发现至今仍在不断涌现，为医学领域带来了奇迹。

2.1 天然产物提取的基本原理

根据天然产物的溶解性、分子大小、极性等物理化学性质，选择合适的溶剂进行提取。常用的溶剂包括水、乙醇、甲醇、丙酮、氯仿、乙醚等。有时也会使用混合溶剂或添加一些辅助剂如酸、碱、表面活性剂等来提高提取效率。在提取过程中，不同的天然产物会以不同的速度溶解在溶剂中，或者以不同的方式吸附在提取器上。通过控制提取条件，如温度、压力、时间等，可以得到不同的分离效果。常用的分离方法包括沉降、过滤、离心、萃取、层析等。经过分离后的天然产物往往还含有一些杂质，需要进行进一步的纯化。具体而言，当溶剂与粉碎后的中草药原料混合时，溶剂逐渐通过细胞壁渗透到细胞内，溶解了可溶性物质，导致细胞内外浓度产生差异。细胞内外的浓度差会导致细胞内浓溶液不断向外扩散，溶剂也不断进入药材组织细胞，直至细胞内外的溶液浓度达到动态平衡。此时，将饱和溶液滤出，继续多次加入新的溶剂，就能够将所需的成分近乎完全地溶解或大部分溶解出来。

常见的纯化方法包括结晶、重结晶、蒸馏、萃取、色谱等。这些方法可根据天然产物的不同性质和对纯度的要求进行选择和使用。通过精心选择和组合这些纯化方法，可以有效地分离和提纯中草药中的目标成分，以满足各种用途的要求。

对于提取得到的天然产物，需要对其化学结构进行鉴定。常用的结构鉴定方法包括光谱法（如红外光谱、紫外光谱、核磁共振等）、色谱法（如高效液相色谱、气相色谱等）、质谱法等。这些方法可以提供天然产物的分子量、分子式、化学键等信息，从而确定其化学结构。光谱法中红外光谱，用于鉴定有机化合物中的官能团，如碳–氢、碳–碳、碳–氧、碳–氮等键的振动；紫外光谱，主要用于鉴定含有共轭双键的化合物，如类黄酮、类胡萝卜素等；核磁共振，能提供分子中氢原子和碳原子的信息，从而确定化合物的结构。色谱法中的高效液相色谱，主要用于分离和鉴定小分子化合物，如生物碱、黄酮等；气相色谱，主要用于分离和鉴定挥发性化合物，如脂肪酸、醇等；质谱法，通过离子化样品并测量其质量-电荷比，可以提供化合物的分子量、分子式等信息。对于确定化合物的结构，质谱法是一种非常有力的工具。这些方法可以互相补充，在进行化学结构鉴定时，通常需要综合运用这些方法。

总之，天然产物提取的基本原理是利用各种物理化学性质和分离纯化技术，将天然产物从生物体或环境中分离出来，并进行鉴定和纯化。这些技术的选择和使用取决于天然产物的性质和提取目标。

2.2 化学成分溶出的基本过程

化学成分溶出是指在提取过程中，一种或一种以上物质（溶质）以分子或离子状态分散在另一种物质（溶剂）中形成均匀分散体系的过程。而由溶解过程所形成的分散体系，称为溶液。在提取过程中，溶出是一个非常重要的步骤。它影响提取物的纯度、产量以及质量。通过溶出，可以从原料中分离出所需的化合物。溶出过程主要依赖于溶解度，即一定温度下，在一定量溶剂中达到饱和时溶解药物的最大量。平衡溶解度是指在测定药物溶解度时不排除溶剂、其他成分影响，此时测得的溶解度称为平衡溶解度或表观溶解度。溶出度则是指药物从片剂、胶囊等固体制剂中溶出的速度和程度。

化学成分溶出的基本过程包括以下步骤。

1.溶剂分子渗透到中草药粉末或碎块的表面

这是溶出过程的第一步。这一步主要取决于溶剂的物理性质（如渗透速率和溶解度）和中草药材料的物理性质（如颗粒大小和表面结构）。当溶剂接触中草药材料时，溶剂分子会开始吸附到材料表面，然后逐渐渗透到材料的内部。这个过程主要受到吸附作用和溶解度的控制。吸附作用是指溶剂分子在接触中草药材料表面时，会受到材料表面的吸引，从而附着在表面上。这种吸附作用可以通过提高溶剂与中草药材料之间的相互作用力（如氢键、范德华力等）来增强。溶解度是指溶剂在接触中草药材料时，能够溶解其中的化学成分的能力。溶剂的溶解度越高，越能够将中草药中的化学成分溶解出来。在溶出过程中，可以通过控制溶剂的性质（如极性、黏度等）和中草药材料的性质（如颗粒大小、表面结构等）来调节吸附作用和溶解度，从而影响溶出的效果。

2.溶剂分子与中草药中的化学成分相互作用，将其溶解

当溶剂分子渗透到中草药粉末或碎块的表面后，它们会与中草药中的化学成分相互作用，从而将其溶解。这种相互作用可以是物理的（如分子间的范德华力）或化学的（如离子交换、共价结合等）。在中草药中，化学成分通常是由多个原子通过化学键结合在一起的。当溶剂分子与这些化学成分相互作用时，它们会打破原有的化学键，并形成新的溶剂-化学成分相互作用键。这些新的相互作用键可以是氢键（当溶剂分子和化学成分中的原子之间存在较强的电负性差异时形成）、离子键（当溶剂分子和化学成分中的原子之间存在电荷转移时形成）或共价键（当溶剂分子和化学成分中的原子之间形成共价结合时形成）。这些相互作用的结果是，溶剂分子将化学成分从中草药中溶解出来，形成均一的分散体系。这个过程受到溶剂的性质（如极性、酸性、碱性等）和中草药中化学成分的性质（如溶解度、稳定性等）的影响。在溶出过程中，可以通过选择合适的溶剂和使用辅助剂（如酸、碱、表面活性剂等）来增强溶剂与中草药中化学成分之间的相互作用，从而提高溶出的效果。

3.溶解的化学成分在溶剂中扩散，形成均匀的分散体系

这个过程主要受到扩散系数的控制。扩散系数是指物质在溶剂中扩散的速率，它与溶剂的性质、温度和浓度等因素有关。在溶出过程中，当溶剂分子将化学成分溶解后，这些溶解的化学成分会在溶剂中扩散开来。这个扩散过程可以看作是许多连续的、独立的分子或离子的迁移过程。在扩散过程中，溶解的化学成分会受到两种力的作用：一种是浓度梯度力，另一种是黏度阻力。浓度梯度力是指化学成分在溶剂中浓度差异所产生的力，它会使高浓度的化学成分向低浓度的方向扩散。黏度阻力则是指溶剂的黏度对化学成分扩散的阻碍作用。扩散系数的大小决定了溶解的化学成分在溶剂中扩散的速率和范围。扩散系数越大，扩散越快，分散体系越均匀。在溶出过程中，

可以通过控制溶剂的性质（如极性、黏度等）、温度和浓度等因素来调节扩散系数，从而影响溶出的效果。

总之，溶解的化学成分在溶剂中扩散是溶出过程的最后一步，它决定了最终得到的分散体系的均匀性和稳定性。不同的溶出方法，如浸渍法、煎煮法和回流提取法等，其具体步骤和效果会有所不同。

2.3 影响提取率的主要因素

提取率是指从某一原材料或混合物中分离并测定某一组分含量的能力，通常以提取出来的组分占总组分的比例来表示。在提取过程中，提取率是一个重要的指标，它可以帮助我们评估提取过程的效率，以及优化提取条件，从而提高生产效率、降低成本、提高产品质量。在天然产物提取中，因为天然产物通常含有多种化合物，而且含量较低，因此需要通过提取技术将其分离出来。提取率的高低直接影响到提取物的纯度和收率，进而影响到产品的质量和成本。通过优化提取条件，如选择适合的溶剂、温度、时间等，可以提高提取率，从而得到更多的目标化合物，提高产品的纯度和产量。同时，提取率也可以作为评价不同提取方法优劣的指标之一，帮助我们选择最佳的提取方法。影响提取率的主要因素包括固液比、提取温度、提取时间、细胞内外浓度差等。

2.3.1 固液比

固液比是指固体与液体之间的比例关系，对于提取率而言，固液比是一个非常重要的因素。在提取过程中，溶剂的体积会影响提取率的高低。一般来说，溶剂体积越大，提取率越高，因为溶剂的体积越大，与固体接触的面积就越大，从而能够更好地溶解和提取固体中的有效成分。

然而，较高的溶剂体积也会带来一些操作上的困难和浪费。因为溶剂的体积过大，会导致在提取过程中需要使用更多的溶剂，这会增加操作成本和时间。此外，过大的溶剂体积也可能导致提取液的浓度下降，因为溶剂的体积过大，提取液的浓度就会相对较低。

以植物提取为例，如果固液比过高，即固体原料的量过多，液体溶剂的量过少，可能会导致提取率下降。这是因为过量的固体原料会阻碍液体溶剂的渗透和扩散，从而降低了有效成分的溶解和提取。相反，如果固液比过低，即固体原料的量过少，液体溶剂的量过多，也可能会导致提取率下降。这是因为液体溶剂过多可能会导致有效成分的浓度降低，同时也会增加后续分离和纯化的难度。通常认为，葛根素的提取率在固液比为1∶25时达到顶峰。这是因为在这个固液比下，溶剂的体积适中，能够更好地溶解和提取葛根素，同时也不会导致操作困难和浪费。

2.3.2　提取温度

温度对溶剂的溶解能力和提取效率有显著影响。在一定的温度范围内，溶剂的溶解能力和提取效率会随着温度的升高而提高。这是因为温度升高可以增加溶剂分子的运动速度和分子间的碰撞频率，从而促进溶剂分子与目标化学成分的相互作用和溶解。

然而，过高的温度可能导致化学成分的分解或失效。这是因为温度过高会使化学成分的结构发生变化，导致其失去原有的生物活性和稳定性。此外，过高的温度也可能导致溶剂的性质发生变化，如挥发性和黏度的改变，从而影响提取效果。因此，在选择提取温度时，需要综合考虑溶解能力和提取效率以及化学成分的稳定性和安全性。适宜的温度应该能够使溶剂的溶解能力和提取效率达到最佳水平，同时不会导致化学成分的分解或失效。

在实际操作中，可以通过预实验或文献资料了解目标化学成分的稳定性和适宜的提取温度范围。同时，也可以采用控制变量法等实验设计方法来确定最佳的提取温度。例如，在提取人参皂苷的过程中，采用不同的提取温度会对提取效率产生不同的影响。在60℃下提取时，提取液中的人参皂苷含量最高，而随着温度的升高，提取液中的人参皂苷含量逐渐降低。这可能是因为高温会破坏人参皂苷的化学结构，导致其溶解度降低。此外，在提取过程中，温度也会影响溶剂的溶解能力。例如，在采用乙醇提取植物活性成分时，随着温度的升高，乙醇的溶解能力也会逐渐增强。这意味着在高温下进行提取时，乙醇能够更好地渗透和溶解植物细胞中的有效成分，从而提高提取效率。

2.3.3 提取时间

提取时间也是影响提取率的重要因素。在一定的时间内，随着提取时间的延长，目标化学成分能够更好地从植物材料中溶解到溶剂中，从而提高提取率。这是由于长时间的提取能够增加溶剂与植物材料的接触时间和相互作用，从而提高目标成分的溶解和提取效率。

然而，过长的提取时间可能会导致化学成分的分解或失效。有些化学成分可能不耐热或长时间暴露在空气中，过度的提取时间可能会导致它们失去原有的结构和生物活性。此外，过长的提取时间也会增加能源消耗和操作成本，降低工作效率。因此，选择适宜的提取时间是非常重要的。在实际操作中，可以根据实验条件和目标成分的性质来确定提取时间。一些实验方法如超声波辅助提取、微波辅助提取等可以通过控制提取时间来提高提取效率。此外，可以根据提取过程中的变化趋势和目标成分的含量来判断是否需要延长或缩短提取时间。

2.3.4　细胞内外浓度差

细胞内外浓度差是影响提取率的另一个重要因素。当细胞内外浓度差较大时，溶剂更容易渗透进入细胞内部，从而提高了提取率。在提取过程中，植物细胞内的化学成分通常以结晶或非溶解状态存在。当溶剂与植物细胞接触时，溶剂需要克服细胞膜的阻力进入细胞内部，从而溶解并提取其中的化学成分。在这个过程中，如果细胞内外浓度差较大，溶剂更容易通过细胞膜进入细胞内部，从而提高了提取率。

然而，过大的浓度差也可能导致细胞膜的渗透性增加，使细胞内的物质大量释放出来，从而影响提取液的纯度和质量。因此，在选择提取条件时，需要综合考虑浓度差和提取液的纯度等因素。

在实际操作中，可以通过控制溶剂的浓度、提取温度和时间等因素来调节细胞内外浓度差。例如，可以使用低浓度的溶剂进行提取，以减小溶剂与细胞膜之间的渗透压差，降低溶剂进入细胞的速率，从而避免提取液中杂质的释放。此外，也可以通过控制提取温度和时间来调节细胞内外浓度差，以达到最佳的提取效果。

2.3.5　其他

药材的粉碎度、溶剂的性质等也会影响提取率。一般来说，药材粉碎得越细，与溶剂的接触面积就越大，提取率也就越高。这是因为细碎的药材能够增加溶剂与药材中化学成分的接触面积，从而促进溶解和提取。然而，过细的药材粉末可能会增加过滤和分离的难度，因此需要根据实际情况选择合适的粉碎度。而不同性质的溶剂对不同药材的提取率也不同。溶剂的选择应该根据药材的化学成分、溶解度和稳定性等因素来决定。例如，对于脂溶性成分，可以选择非极性溶剂如石油醚、氯仿等；对于水溶性成分，可以选择极性溶剂如水、甲醇等。此外，溶剂的浓度、黏度、酸碱度等性质也会影响提取效果。

2.4　天然产物提取工艺学的特点

生物资源的利用需要精细、高效、环保和可持续。由于我国生物资源丰富，每种生物都包含成千上万种物质，包括动物、植物、昆虫、海洋生物及微生物的主要和次生代谢化学物质，也称为天然产物。这些天然产物构成了天然产物资源的多样性[5]。

天然产物的提取工艺运用了化学工程和生物工程的原理和方法，对生物组成的化学物质进行提取和分离纯化。这个过程具有以下特点。

2.4.1　多学科性

天然产物的提取工艺涉及多个学科领域，包括但不限于生物化学、分子生物学、植物学、动物学、细胞学、微生物学等生物学科；有机化学、植物化学、天然药物化学、天然产物化学等化学学科；化学工程、机械工程、化工原理等工程学科，以及其他工艺工程应用学科。这些学科的交叉应用为天然产物的提取和分离纯化提供了深入的理论基础和实用的技术方法。

在生物学科方面，生物化学和分子生物学的研究可以帮助我们了解生物体内物质的合成、分解和代谢过程，为天然产物的提取和分离纯化提供指导。植物学和动物学的研究则有助于我们认识生物体的组成和结构，揭示生物体内天然产物的分布和功能。细胞学和微生物学的研究则从细胞和微生物的角度出发，探讨天然产物合成的机制和调控。

在化学学科方面，有机化学和植物化学的研究可以帮助我们了解天然产物的化学结构和性质，为提取和分离纯化提供理论依据。天然药物化学和天然产物化学的研究则深入探讨天然产物的药理作用和化学组成，为新药研发提供支持。

在工程学科方面，为化学工程、机械工程和化工原理的研究提供了许多实用的技术和方法，为天然产物的提取和分离纯化提供了有效的手段。其他工艺工程应用学科则将这些技术和方法应用到实际生产过程中，提高了天然产物提取的效率和品质。

2.4.2　多层次、多方位性

天然产物提取是一个多层次的研究和开发过程，旨在实现优质高产的原料开发、原料加工的深度开发以及单体化学成分及其应用的深度开发。在这个过程中，生物和天然产物的多层次研究开发是相辅相成的。

（1）一级开发以发展优质高产原料为主要目标，通过对生物资源的有效利用和加工技术的改进，提高原料的质量和产量。这包括对动物、植物、微生物等生物资源的筛选和优化，以及采用现代化的化学化工技术和手段，对原料进行提取、分离纯化等处理，以获得高纯度、高质量的天然产物。

（2）二级开发以发展原料加工为目的，通过对原料的深度开发和加工，提高天然产物的附加值和市场竞争力。这包括对天然产物的化学结构进行修饰和改造，以引入新的功能团或优化其物理化学性质，以及对天然产物的生产工艺进行优化和改进，以提高生产效率和降低成本。

（3）三级开发以深度开发原料的单体化学成分及其应用为目的，通过对天然产物中特定化学成分的研究和开发，发掘其潜在的应用价值。这包括对天然产物中具有药理活性的化合物进行深入研究，以发现新的药物先导化合物或药物中间体，以及对天然产物中具有特殊功能的化学成分进行开发和利用，以拓展其在化工、材料等领域的应用范围。

天然产物提取产业不仅包括对传统化学化工技术的创新和改造，也包括对现代生物技术的运用和发展。在这个产业中，人们运用化学工程、机械工程、化工原理等技术手段，通过提取、分离纯化、合成、半合成等过程，从动物、植物、微生物等原料中获得天然产物。同时，现代生物技术的运用如微生物发酵、酶工程、细胞工程、基因工程等也为天然产物的生产提供了新的途径和方法，推动了天然产物产业的发展和创新。

2.4.3　复杂性

在进行化合物的提取和分离时，由于化学结构和功能活性的不断变化，使得这些化合物的特性更加复杂和多样化。此外，大多数天然产物的含量极低，甚至微乎其微。因此，为了提取到少量有效成分，需要大量的原料作为基础。这也意味着，天然产物的提取和分离过程相对较为复杂和耗时，需要精细的操作和技术。

天然产物的不稳定性是其生物活性和结构完整性的重要挑战。为了保护所提取物质的生理活性及结构的完整，生产方法需要尽可能温和，并且采用多阶式的分离制备过程。

这种生产方法通常需要经过几个到十几个步骤的分离和纯化过程，有时甚至需要采用多种不同的分离方法才能达到纯化的目的。为了应对这些挑战，人们用不同的方法来提取和分离天然产物。如通过研磨、高压匀浆、超声波破壁、过滤、离心、干燥等步骤来提取和纯化天然产物；利用冻溶（用于细胞破碎）、透析、絮凝、萃取、吸附、层析、蒸馏、电泳、等电点沉淀、盐析、结晶等方法进行提取和纯化；通过离子交换、化学沉淀、化学亲和、结构修饰与化学合成等方式进行提取和纯化；利用生物亲和层析、免疫层析等生物技术进行提取和纯化。

这些方法的结合使用，使得我们可以从复杂的生物材料中提取和纯化出具有特定生理活性的天然产物，为人类的生产和生活提供了重要的资源。

2.5 天然产物分离工艺设计策略

2.5.1 生物原料生产和天然产物提取技术结合

天然产物提取生产的第一工厂是生物原料的生产。"生物原料生产"是指利用生物技术，如微生物发酵、动植物细胞培养等来生产有用的化合物或原料的过程。这些生物原料可以是从天然资源中提取的化合物，也可以是人工合成的生物可降解材料。

生物原料生产可以通过以下步骤实现：①确定目标化合物或原料，根据实际需求，确定要生产的化合物或原料，例如某种特定的氨基酸、蛋白质、糖类、脂类等；②选择生物来源，根据目标化合物的性质和用途，选择合适的生物来源，例如微生物、植物、动物等；③设计和优化发酵或细胞培养条件，根据生物来源和目标化合物的特点，设计和优化发酵或细胞培养的条件，包括营养物质、温度、pH值、氧气等；④生物转化，在最优化的条件下，进行微生物发酵或细胞培养，实现化合物的生物转化；⑤分离和纯化，将产生的化合物从发酵液或细胞培养液中分离出来，并进行纯化，得到高纯度的目标化合物。这一过程利用植物细胞培养技术，旨在生产具有高含量的天然产物原料，如珍贵的植物次生代谢产物生物碱、甾体化合物等。

生物原料生产可以与提取技术相结合，以进一步提高产物的质量和产量。例如，可以利用固液萃取技术从植物中提取某种特定的化合物或原料，然后将提取液作为发酵或细胞培养的原料。首先，通过提取去除杂质和其他干扰物质，从而得到更高纯度的目标化合物或原料；其次，通过将提取液作为发酵或细胞培养的原料，提供更加丰富的营养物质和生长因子，从而促进微生物或细胞的增长和代谢，提高目标化合物的产量；再次，通过优化提取和发酵或细胞培养的条件，提高生产效率，降低能源消耗和人力成本，从而降低生产成本。例如，可以利用固液萃取技术从海洋藻类中提取某种特定的脂类化合物，然后将提取液作为发酵原料，通过微生物发酵产生一种高价值的生物燃料。这种方法的优点是可以从海洋这一巨大的资源库中提取出有用的化合物，并通过微生物发酵产生可持续的生物燃料，同时还可以减少对传统化石燃料的依赖。

微生物菌种选育和工程菌构建也是天然产物提取上游工程的重要任务之一。其主要目标是开发新的微生物物种或提高目标产物的含量。为了提高天然产物的生产效率和产品质量，除了上述目标外，还需要从整体角度考虑。举例来说，通过应用基因工程技术，可以使生物催化剂获得增加目标产物产量的能力，同时减少非目的产物的分泌（例如色素、毒素、降解酶等杂质）。与此同时，还可以赋予菌株或产物一些有益的性质，以改善产物的分离特性，从而简化下游加工过程。例如，可以提高产物的稳定性，降低其对温度、pH值等环境因素的敏感性，使其更容易进行分离和纯化[4]。

培养基和发酵条件对下游发酵液的质量有直接的影响。因此，选择合适的培养基和发酵条件是至关重要的。例如，采用液体培养基可以更好地控制细胞生长和代谢过程，提高目标产物的产量。同时，避免使用酵母膏、玉米浆等有色物质和杂蛋白为原料，可以减少下游加工过程的复杂性和成本，提高总的回收率。

在提取和分离过程中，选择适宜的技术和参数对于提高工艺效率、减少操作次数和实现产物直接转移至气相、液相或固相非常重要。

（1）材料破碎方法和程度。根据所需提取的天然产物的性质和目标，选择合适的破碎方法。例如，对于植物细胞培养物，可以使用物理破碎方法（如研磨、破碎、超声波等）或化学破碎方法（如使用溶剂或酸碱等化学物质）。破碎的程度也会影响提取效率，过度破碎可能导致细胞内物质过度释放，而破碎不足则可能影响提取效果。

（2）溶剂选择。溶剂的选择对于提取过程至关重要。对于不同的天然产物，需要选择对其具有高溶解度且对其他杂质溶解度低的溶剂。例如，对于挥发性成分，可以使用蒸汽蒸馏或直接蒸馏等方法将产物转移至气相。

（3）提取参数。提取参数如温度、压力、时间等也会影响提取效果。优化这些参数可以增加目标产物的溶解度和提取效率。

（4）吸附剂选择。对于一些目标产物，可以使用吸附剂将其从混合物中分离出来。例如，大孔树脂吸附剂可以用于选择性吸附酶和皂苷。吸附剂的性质如极性、孔径等也会影响吸附效果。

（5）层析技术。层析技术是一种常用的分离方法，包括搅拌吸附槽和柱层析等。搅拌吸附槽具有易放大且分辨率较低的特点，而柱层析虽然难度较大但分辨率较高。根据目标产物的性质和分离要求选择合适的层析技术。

（6）基因工程手段。传统的发酵工业已开始采用基因重组菌种来取代或改良原有菌种。例如，通过基因工程手段提高柠檬酸、青霉素等的产量。这种方法可以大大提高生产效率和产品质量。

选择适宜的提取分离技术及参数对于优化天然产物的提取和分离过程至关重要。在实际操作中，应根据目标产物和分离要求选择合适的材料破碎方法、溶剂、吸附剂、层析技术以及基因工程手段等，以达到最佳的分离效果。

2.5.2　根据生物微观结构设计提取工艺

根据生物微观结构设计提取工艺是指根据生物微观结构的特点，设计和优化提取工艺，以提高提取效率和纯度。这种方法通常适用于从生物材料中提取活性成分或特定化合物的过程。

在生物体中，分子结构以及分子之间的相互联系作用力非常复杂。分子骨架中的原子与基因都是通过共价键结合在一起的，而分子之间的连接则主要依靠非共价键，如氢键、盐键、金属键、范德华力、疏水力、碱基堆积力等。这些非共价键的键能相对较弱，性质差别也较大，因此在设计提取工艺时需要采用不同的方法来使目标产物与杂质隔离[5]。

为了实现这一目标，我们可以根据不同分子的特性选择适合的提取方法。对于具有较强极性的分子，可以使用溶剂萃取、沉淀等方法将其从混合物中分离出来。而对于具有较弱极性或非极性的分子，则可以使用吸附剂、色谱分离等方法进行分离。根据生物微观结构设计提取工艺的优势在于：根据生物微观结构的特点设计提取工艺，可以针对不同生物材料的特点进行有针对性的提取，从而提高提取效率和纯度；通过优化提取工艺，可以更好地利用生物材料中的有效成分，提高提取效率和产量；通过设计和优化提取工艺，可以更好地保护有效成分的完整性和活性，从而提高产品质量。此外，根据分子的化学结构，我们还可以选择合适的化学反应条件和参数，如pH值、温度、压力等，以促进目标产物的生成或使其与其他分子区分开来。例如，在中药材的提取中，可以根据中药材的微观结构特点，设计和优化提取工艺，提高中药材中有效成分的提取效率和纯度；可以采用超声波辅助提取、微波辅助提取、超临界流体萃取等方法，提高中药材中有效成分的溶解和扩散速度，从而提高提取效率；可以采用高效液相色谱、气相色谱等方法进行分离和纯化，得到高纯度的中药材有效成分。

在天然产物提取过程中，需要综合考虑生物体的结构组成、化学成分以及分子间的相互作用等因素，设计出适合的提取工艺方法，以达到高效、高纯度地提取目标产物的目的。采用智能化的方法设计和优化提取工艺，例如利用人工智能和机器学习等技术，实现自动化和智能化提取；发展绿色环保的提取方法，减少对环境的污染和破坏，例如利用生物酶解、离子液体等绿色环保的提取介质和方法；发展高通量的提取方法，提高生产效率，例如采用微流控技术、芯片实验室等技术，实现高通量、快速、高效的提取。

2.5.3 根据天然产物的结构设计提取工艺

天然产物的空间结构、官能团的种类、位置、数量，以及存在形式是决定其提取工艺的关键因素。这些因素决定了目标产物在溶剂中的溶解性，以及在提取过程中可能发生的化学反应和相互作用。

（1）天然产物的空间结构和官能团是决定其物理和化学性质的重要因素。这些性质又进一步影响其在溶剂中的溶解性和与吸附剂、层析材料等的相互作用。例如，具有疏水性官能团的化合物可能在有机溶剂中有更好的溶解性，而具有极性官能团的化合物则可能在水中具有更好的溶解性。

（2）官能团的种类、位置和数量也会影响提取工艺的选择。例如，具有多个酚羟基的天然产物可能更容易被离子交换树脂吸附，而具有多个羧基的天然产物则可能更容易在水中溶解。

（3）官能团的存在形式也会影响提取工艺。例如，如果官能团以盐的形式存在，那么在提取过程中就可能需要考虑离子交换或离子排斥等工艺步骤。

天然产物的分子作为一个有机整体，各组成部分之间互相制约和影响。这使得提取工艺的设计不仅仅是针对单个分子或组分的分离，还需要考虑整个体系的平衡和相互影响。

与提取工艺有关的性质还包括相对分子质量、溶解性、等电点、稳定性、相对密度、黏度、粒度、熔点、沸点等。这些性质都会影响目标产物在提取过程中的行为和表现。例如，相对分子质量和溶解性会影响目标产物在溶剂中的溶解度和扩散速率，而相对密度和黏度则可能影响目标产物在沉淀或色谱分离过程中的行为。

（4）官能团的解离性和化学反应的可能性也是设计提取工艺时需要考虑的重要因素。这些性质可能决定了在提取过程中是否需要使用特定的酸碱条件、加热或添加催化剂等化学反应步骤来促进目标产物的生成或提高其纯度。

在天然产物的提取过程中，我们需要全面考虑其结构组成、化学性质和物理性质等因素，并合理设计提取工艺和方法，以实现高效、高纯度地提取目标产物。

2.5.4　提取过程前后阶段纵向统一

在天然产物提取分离过程中，选择合适的分离机理单元组成一套工艺是非常重要的。

（1）选择高效的分离手段。应将含量多的杂质先分离除去，尽早采用高效分离手段，如高速离心、过滤、萃取等，以减少后续处理的难度和成本。

（2）确定最佳分离顺序。最昂贵且费时的分离单元应该放在最后阶段，这样可以最大限度地减少浪费。

（3）解决杂质问题。有些杂质的存在会导致分离纯化困难，在分离纯化前有针对性地提前处理可以避免这些问题。例如，萃取过程中产生的乳化现象可能是由于表面活性剂引起的。在萃取前，可以通过加热、金属离子沉淀、絮凝等方法预先除去杂蛋白，从而降低乳化的可能性。

（4）考虑操作条件的影响。絮凝、沉淀、萃取、双水相萃取等分离操作，可能会对后续操作和产品质量产生影响。举例来说，为了提高胞内物质释放率，可能会进行反复匀浆或长时间破碎，但这一操作所产生的微细碎片粒子可能不利于后续的分离过程。

（5）优化工艺参数。在纵向工艺过程中要考虑不同操作单元所用方法和操作条件的耦合。例如，在提取液中可以通过调节pH值来除去不同的杂蛋白，以除去酸性蛋白或碱性蛋白。也可以采用冷热处理构成一套工艺，或者选用阳离子和阴离子交换树脂构成一套工艺来除去杂蛋白，从而提高产品的纯度。

在天然产物提取分离过程中，需要综合考虑多种因素，选择合适的分离机理单元组成一套工艺，并优化操作条件和工艺参数，以实现高效、高纯度地提取目标产物[5]。

2.6 天然产物提取过程的选择

2.6.1 天然产物加工的主要过程

细胞破碎技术的成熟使得胞内产物可以进行大规模生产。细胞破碎技术丰富多样，包括珠磨破碎、压力释放破碎（也称高压匀浆）、冷冻加压释放破碎、化学破碎、机械粉碎等。这些破碎方法的应用使得我们能够从细胞内部释放出重要的产物，如蛋白质、酶、核酸等。

在初步纯化阶段，各种沉淀法，如盐析法、有机溶剂沉淀法和化学沉淀法被广泛采用。此外，大孔树脂吸附法和膜分离法（特别是超滤技术）的引入，使对热、pH值、金属离子、有机溶剂等敏感的大分子物质的分离、浓缩和脱盐等难题也得到了解决。这些方法的应用，使得我们能够从复杂的混合物中提取出我们需要的物质。

为了进行高度纯化，开发了各类层析技术，如亲和层析、疏水层析等。而在工业化生产中，离子交换层析和凝胶层析是最常用的方法。这些层析技术能够将混合物中的物质进行分离和纯化，从而得到高纯度的产品。

在成品加工阶段，主要进行干燥和结晶。针对生物活性物质，根据其热稳定性的差异，可以选择不同的干燥方法，如喷雾干燥、冷冻干燥以及气流干燥等。尤其在蛋白质产品的干燥领域，冷冻干燥技术得到广泛应用。然而，该方法存在设备复杂、操作时间长等问题，因此仍需要进一步改进和完善。

借助各种先进技术和设备，现代天然产物提取技术有了重大发展。举例而言，一批基因工程和细胞工程产品，如胰岛素、乙肝疫苗、生长激素等，已成功进入工业化生产阶段。

这些产品的生产不仅需要先进的提取技术，还需要各种化学工程和生物技术的支持，如发酵工程、酶工程、基因工程等。这些技术和设备的不断发展和完善，为我们的生活带来了更多的便利和福利。

2.6.2　设计天然产物产品加工过程选择的原则

（1）对于天然产物分离纯化流程，应采用最少步骤，以改善总回收率。提高各步骤回收率或减少步骤数，可降低投资与操作成本。高效液相色谱与结晶替代传统吸附、三步结晶和重结晶，虽然成本高，但可提高产品回收率，抵消并超过增加的成本。因此，在考虑下游加工过程时，应从步骤变化的影响进行综合分析。

（2）初步纯化时的技术次序可相对合理。固液分离、高度纯化和成品加工的次序不是问题，但在初步纯化时，应根据产品特性选择不同纯化步骤。学者分析了蛋白质和酶的分离纯化方法及其多步特征，发现离子交换、亲和过程、沉淀、凝胶过滤等方法的出现频率较高。这些方法在纯化阶段中的作用决定其次序，如均质化（或细胞破裂）、沉淀、离子交换、亲和吸附、凝胶过滤。凝胶过滤通常用于蛋白质聚集体的分离和脱盐，常在纯化过程的最后一道处理中使用[10]。

（3）产品的规格是选择纯化程度和加工过程方案的主要依据。如果只需对产物进行低度纯化，一个简单的工艺流程就足以满足要求。然而，对于注射类药物产品，由于其对产品纯度的高要求，原料液中可能存在多种多样的杂质，因此需要更为复杂的加工过程和更高的纯化水平。例如，微生物细胞壁中的组分可能引起抗原反应，因此需要尽量除去热原以满足注射药品规格要求。

（4）进料组成是影响分离过程的主要因素之一。产物在细胞内还是细胞外的定位，以及在进料中是可溶性还是不溶性，都会对工艺条件产生影响。高浓度的目标产物可能使分离过程更加简单。类似目标产物的化合物会影响分离专一性。某些组分可能需要在分离过程的早期就全部除去或降低到最低允许限度。

（5）产品的形式是重要指标，需符合实际应用要求或规范。固体产品需要达到一定湿度范围，粒度大小分布也要合适。结晶产品需具备特定晶体形态和大小。液体产品可能需要进行浓缩和过滤。

（6）产品的物理性质包括溶解度、分子电荷、分子大小、功能团、稳定性、挥发性等，对分离过程的设计和提取剂及吸附剂的选择都非常重要。

（7）产品本身、工艺条件、处理用化学品都可能存在潜在危害。需要加以控制，例如封闭式操作、避免气溶胶产生、控制发酵生物体排放、控制粉尘及粒子排放等。

（8）在提取分离过程中，必须按照国家要求处理和排放废水、废气、废渣，保护环境，实现天然产物的可持续发展与利用。

2.7 天然产物提取利用建议

2.7.1 要注意生物资源多样性和用途多功能性，进行综合利用

在天然产物的开发利用中，可以从同科、属的生物中寻找欲开发的化学成分。这是因为同科、属的生物通常具有相似的生物学特性和化学成分，因此它们可能具有类似的生物活性或药用价值。通过研究这些化学成分，我们可以发现新的药物先导化合物或天然产物。

在实际操作中，可以从大量的前体化合物出发，通过半合成的方法合成具有特定生物活性的天然产物。这种方法可以充分利用天然产物的优点，同时克服其产量低、纯度不足等问题，提高天然产物的质量和产量，更好地利用天然产物的优势，为人类健康和药物研发做出更大的贡献。

2.7.2 充分利用先进科学技术，生产高技术天然产物产品

2.7.2.1 注重天然产物提取工艺理论研究

在非理想溶液中，溶质与添加物料之间的选择性反应机理是一项复杂的研究。这涉及一系列物理和化学过程，包括溶质与添加剂之间的相互作用、反应动力学以及热力学等。为了改善溶质的选择性，需要深入探究这些反应机理，并研究系统外各物理因子如温度、压力、浓度、pH值等对选择性的影响效应。

在界面区的研究中，我们关注的是液体与固体之间的相互作用以及液体与气体之间的相互作用。理解界面区的结构以及控制界面现象的方法可以帮

助我们更好地理解传质机理。这不仅可以指导我们改善具体单元操作如萃取、膜分离或结晶等的过程速度，还可以帮助我们优化这些过程的效率。

对于天然产物分离工程的下游加工过程，数学模型的建立是实现过程模拟、分析、设计和经济评估的关键。为了更好地描述这一过程，我们需要发展和完善现有的数学模型，并开发出适合的模拟软件。这将使我们能够精确地预测天然产物的分离效果，从而优化生产过程并降低成本。

2.7.2.2　利用生物技术

除了细胞培养和基因工程，生物技术还包括许多其他应用，可以广泛应用于各个领域，包括生产高含量目标物的新品种。例如，采用转基因技术，我们可以将特定的基因导入微生物中，从而生产出高含量的目标物。这种方法可以在短时间内获得大量的目标物，并且可以通过控制基因的表达来优化生产过程。

此外，生物技术还可以用于生产复杂的生物活性物质，如蛋白质、多糖、脂质等。通过生物反应器中的微生物培养，我们可以生产出这些物质，并且可以通过控制培养条件来优化生产过程。另外，生物技术还可以用于环境保护。例如，采用生物滤器或生物反应器等方法可以处理废水或废气中的污染物，并且可以通过控制微生物的生长和代谢来优化处理过程。

2.7.2.3　利用现代分离工程技术

充分利用现代分离工程技术如膜分离技术、亲和分离技术等进行天然产物的提取分离。膜分离技术是一种高效的分离方法，它利用半透膜对不同分子进行选择性渗透，从而实现物质的分离和纯化。在天然产物提取中，膜分离技术可以用于分离大分子物质，如蛋白质、多糖等，也可以用于分离小分子物质，如生物碱、黄酮等。通过选择合适的膜和操作条件，可以实现对目标产物的精确分离和纯化。亲和分离技术是一种基于分子间相互作用力的分离方法，它利用配体与目标分子之间的特异性结合来实现分离。在天然产物提取中，亲和分离技术可以用于分离具有特定功能的蛋白质、酶等生物活性物质。通过选择适当的配体和载体，可以实现对目标产物的有效识别和纯化。在天然产物的提取和分离过程中，除了以上两种技术，还可以结合其他现代分离工程技术，如高速逆流色谱、超临界流体萃取等，来实现对目标产物的快速、高效、高纯度提取和分离。同时，在应用这些技术时，还需要考虑到天然产物的理化性质、生物学特性等因素，以制定合理的提取和分离方案。

2.7.2.4　利用先进工程设备提取天然产物

利用先进工程设备提取天然产物是指使用先进的工程设备和工艺技术来提高天然产物的提取效率和纯度。

（1）高压脉冲电场设备。高压脉冲电场设备可以用于细胞破壁和胞内产物的提取。通过调整脉冲电场参数，可以实现对细胞结构和胞内产物的选择性破壁，提高胞内产物的提取效率和纯度。

（2）超声波设备。超声波设备可以利用高频声波的空化效应和振动效应来加速目标产物的溶解和释放。通过控制超声波的频率和功率，可以实现对目标产物的有效提取和分离。

（3）微波辅助提取设备。微波辅助提取设备可以利用微波能来提高目标产物的提取效率和纯度。微波可以促进细胞内产物的扩散和溶解，从而提高提取效率。

（4）超临界流体萃取设备。超临界流体萃取设备可以利用超临界流体的特殊性质来进行目标产物的提取和分离。超临界流体具有较高的密度和渗透能力，可以有效地溶解和提取目标产物。

（5）分子蒸馏设备。分子蒸馏设备可以利用不同物质分子间的沸点差异来进行目标产物的分离和纯化。通过控制蒸馏温度和压力，可以实现对目标产物的精确分离和纯化。

在利用先进工程设备提取天然产物时，需要注意以下几点：首先，要根据目标产物的理化性质和提取要求选择合适的工程设备和技术；其次，要优化工艺参数和操作条件，以提高提取效率和纯度；最后，要对提取产物进行质量检测和控制，确保产品的安全性和有效性。

2.7.3 处理好利用与资源保护、环境保护的矛盾，使其处于良性循环状态

在天然产物的加工过程中，传统的生产工艺须向清洁生产工艺转变，以减少对环境的污染和保护环境。清洁生产工艺是指通过采用先进的工艺技术和设备，提高原材料和能源的利用率，减少废弃物的排放，并尽可能实现未反应的原材料和水的循环利用。这种生产方式不仅可以提高生产效率，还可以降低生产成本，同时保护了生态环境。

在天然产物加工过程中，需要确保工厂排污符合环保要求。这可以通过采用环保设备和工艺来实现，例如使用高效洗涤器、废水处理设备等。此外，还可以通过优化工艺参数和操作条件来减少废弃物的排放。

在天然产物加工过程中，要确保原材料和能源的高效利用。这可以通过采用先进的工艺技术和设备来实现，例如使用高效分离设备、精密混合设备等。此外，还可以通过合理的生产管理和操作来提高原材料和能源的利用率。

在天然产物加工过程中，要尽可能确保未反应的原材料和水的循环利用。这可以通过采用先进的工艺技术和设备来实现，例如使用高效结晶设备、反渗透膜等。此外，还可以通过合理的生产管理和操作来实现未反应的原材料和水资源的循环利用。

在天然产物开发过程中，要注意保护生物资源的多样性。这可以通过合理利用生物资源和保护野生植物资源来实现。此外，还可以通过开发新型天然产物来减少对传统原料的依赖，从而保护生物资源的多样性。

2.7.4 面向市场生产适销对路产品

调整产品结构是为了更好地满足市场需求和推动企业发展。在这个过程中，我们需要发展高档产品，包括高档医药生化产品、功能性食品及添加

剂、生物催化剂等。这些高档产品具有更高的附加值和市场竞争力，能够为企业带来更好的经济效益。

具体来说，我们可以发展以下类型的高档产品。

（1）高档医药生化产品。包括生物药物、新型疫苗、诊断试剂等，这些产品在医疗领域具有广泛的应用前景，能够为人类健康事业做出更大的贡献。

（2）功能性食品及添加剂。包括低热值、低胆固醇、低脂肪、提高免疫功能、抗炎、抗癌等产品，这些产品能够满足人们对健康饮食的需求，具有很好的市场前景。

（3）生物催化剂。包括酶制剂等，能够广泛应用于化工、医药、食品等领域，具有高效性和环保性。

同时，我们还可以发展众多精细化工产品及用化学法无法生产或很难生产的产品，如微生物多糖、色素、工业酶制剂、甜味剂、表面活性剂、高分子材料等。这些产品在化工、食品、医药等领域具有广泛的应用前景，能够为企业带来很好的经济效益。

第3章 天然产物传统提取方法与技术

　　天然产物的有效成分提取方法包括溶剂提取、超声波提取、超临界流体萃取和双水相萃取等。溶剂提取是主流方法之一，利用不同物质在溶剂中的溶解度不同，将目标成分从天然产物中分离出来。溶剂的选择非常重要，必须满足对目标成分溶解度大而对其他杂质溶解度小的原则。常用的提取溶剂包括水、亲水性有机溶剂和亲脂性有机溶剂。溶剂提取法的优点是操作简单、成本低廉，适用于大多数天然产物的提取，但也有提取时间长、溶剂消耗量大、对环境不友好等缺点。

3.1 浸渍法

浸渍法是一种常用的天然产物有效成分提取方法。它基于相似相溶原理，将天然生物活性物质粉末或碎块装入适当的容器中，加入适宜的溶剂，然后通过浸泡的方式使活性物质中的成分溶解在溶剂中。浸渍法的优点是比较简单易行，适用于提取多种类型的天然产物成分。然而，浸渍法的提取效率不一定很高，因为目标组分的溶解和扩散需要一定的时间，而且提取液容易发霉变质，需要加入适当的防腐剂。在浸渍法中，选择合适的溶剂非常重要。不同的溶剂对不同的天然产物有效成分具有不同的溶解能力。常用的溶剂包括乙醇、烯醇、水等。有时还需要对天然产物进行预处理，如破碎、研磨等，以增加固液接触的面积，提高提取效率。

在采用浸渍法提取植物成分时，通常会使用极性依次增大的溶剂进行提取。例如，首先使用二氯甲烷这种低极性溶剂，然后使用甲醇这种中等极性溶剂，最后使用水这种高极性溶剂。通过这种方式，可以更有效地提取出植物中的不同成分。多次浸渍法是一种常用的优化技术，通过多次浸渍植物成分，可以大大降低浸出成分的损失量。这种技术适用于那些难以一次完全提取的成分，需要多次浸渍来逐渐提取出目标成分。浸渍法所需时间较长，因此需要保证浸提过程中的密闭性，以防止溶剂的挥发损失。同时，由于水不是最佳的提取溶剂，所以在用水做溶剂时，需要采取适当的措施来提高提取效率。

常用浸渍法有如下三种。

3.1.1 冷浸渍法

冷浸渍法的操作温度通常为室温（20~30℃），因为在密闭条件下进行提取，为了避免溶剂挥发和污染，提取容器需要带有盖子。在操作过程中，首先将天然产物适度粉碎后放置在容器中，然后加入一定量的提取溶剂（如亲水性有机溶剂）。为了促进成分的溶解和扩散，需要盖好盖子，并在室温下放置一定时间进行提取。在提取过程中，要不断搅拌或振摇，以使天然产物和溶剂充分接触和混合。提取结束后，过滤并收集滤液。为了尽可能提取出更多的有效成分，可以将滤渣进行压榨，将压榨液与滤液合并。为了使浸渍液更加清澈透明，可以将合并后的液体放置过夜，然后再进行过滤得到浸渍液[11]。

冷浸渍法是一种常用的天然产物有效成分提取方法。在冷浸渍法中，将未发酵的葡萄汁进行浸渍，以从葡萄皮上浸渍更多的香气。这种方法常用于红葡萄酒或桃红葡萄酒的酿造，也适用于白葡萄酒的酿造，例如雷司令、琼瑶浆、白莫斯卡托等芳香型白葡萄品种。在冷浸渍过程中，破碎后的原料（葡萄缪）首先会被控温至4~15℃，一方面防止氧化酶的活动且防止发酵的启动，另一方面是葡萄皮细胞中的风味和香气成分可以破裂，且低温下萃取的速率会大大降低，因此酿酒师们有更多的时间和更大的回旋余地来控制整个萃取过程，可以在提取到足够的芳香物质时结束萃取，避免剩余的浸渍液。

由于冷浸渍过程主要是水溶性的萃取，它主要从葡萄的果肉、皮和籽中提取色素和风味物质，而不会提取单宁。因此，一般认为经过冷浸渍处理的葡萄酒会呈现更直接的果味和更强的复杂性，具有更浓郁的果香和深沉的颜色。有研究还指出，冷浸渍有助于葡萄自身携带的酵母在低温环境下生长，从而赋予葡萄酒更独特的味道。

3.1.2 热浸渍法

热浸渍法是一种常用的天然产物有效成分提取方法。与冷浸渍法相比，热浸渍法在提取过程中使用加热装置，将天然产物粗颗粒放置于有加热装置的罐中，加入定量的提取溶剂，然后在40~60℃的温度下进行提取。提取后的处理步骤与冷浸渍法相同。热浸渍法的优点是可以缩短提取时间，提高提取效率。有时为了缩短浸渍时间，也可以采用煮沸后自然冷却浸渍的方法。然而，浸出液冷却后可能会析出少量的沉淀，需要分离去除。花、叶、全草类天然产物，多采用煮沸后保持80℃左右温浸提取。这是因为这些天然产物的有效成分在高温下更容易溶解在溶剂中。在制作某些花草茶时，可以先将花、叶、草类药材煮沸，然后保温80℃热浸提一段时间，以更充分地提取出药材中的有效成分。

然而，热浸渍法也存在一些缺点。首先，由于提取温度较高，可能会破坏或改变某些热敏性成分。其次，提取过程中可能会产生泡沫和异味，需要特殊的处理方法。此外，热浸渍法的成本相对较高，需要使用加热装置和能源，增加了操作成本。在应用热浸渍法时，需要根据具体的天然产物和目标成分选择合适的提取溶剂和提取温度。此外，还需要控制提取时间和溶剂量，以确保提取效率和产品质量。

3.1.3　重浸渍法

重浸渍法是一种为减少有效成分损失并提高回收率而进行多次提取的方法。在这种方法中，提取溶剂首先分成相等的几份，然后进行第一次提取。提取后，进行过滤并回收滤液，然后将滤渣放入第二份提取溶剂中再次进行提取。随后，过滤并回收滤液，滤渣继续放入第三份提取液中，如此循环进行。最后将每份滤液合并，以收集更多的有效成分。重浸渍法的优点是可以更充分地提取天然产物中的有效成分，减少损失，并提高回收率。然而，这种方法需要更多的时间和操作步骤，因此可能需要更多的资源和人力投入。需要注意的是，重浸渍法的具体操作步骤和重复次数可以根据不同的天然产物和目标成分进行调整和优化。此外，还需要注意提取溶剂的用量和提取温度等参数的控制，以确保提取效率和产品质量。对于一些难以溶解或需要多次提取有效成分的药材，可以采用重浸渍法。比如先用冷浸渍法提取一次，再用热浸渍法提取一次，或者多次进行这样的操作，以达到更好的提取效果。

3.1.4　三种方法对比

操作温度方面，冷浸渍法在室温下进行，热浸渍法需要加热，重浸渍法可能会涉及多次冷或热的操作。而相比较三者的提取效率，热浸渍法的提取效率相对较高，因为加热可以促进药材有效成分的释放。然而，冷浸渍法和重浸渍法则可能需要在更长的时间内才能达到相同的提取效果。此外，三种方法对药材的影响方面，热浸渍法可能会导致药材中某些不耐热的成分损失，冷浸渍法则可以更好地保护这些成分，而重浸渍法可能会在多次操作后使药材中的有效成分更充分地提取出来。

除此之外，选择使用冷浸渍法、热浸渍法或重浸渍法需要考虑多种因素，包括药材的性质、所需提取的有效成分的特性、所需制剂的浓度、提取物的稳定性、纯度、药材的质地和结构以及提取物的用途等。在实际应用中，需要根据具体情况选择最合适的方法。

首先是提取物的稳定性，对于一些热敏性的药材，加热可能会对其中的有效成分产生破坏，因此冷浸渍法可能更为合适。对于一些难以溶解的药材，可能需要采用热浸渍法或重浸渍法以促进其溶解和提取。其次是提取物的纯度，热浸渍法和重浸渍法都可能涉及药材中其他成分的溶解和提取，因此需要更严格的操作和控制条件以获得更高纯度的提取物。而冷浸渍法则相对简单，但可能需要更长的时间来达到相同的提取效果。再次是药材的质地和结构。对于一些坚硬、厚实或有强烈气味的药材，可能需要采用热浸渍法或重浸渍法以破坏其结构和释放其中的有效成分。而冷浸渍法则更适合于柔软、易碎或含有挥发性成分的药材。最后表现为提取物的用途，对于一些需要长期保存或用于外部治疗的制剂，可能需要采用冷浸渍法或重浸渍法以更好地保护药材中的有效成分，而热浸渍法则更适合于制备短期使用或内服制剂。

3.2　渗漉法

渗漉法是一种常用的天然产物有效成分提取方法。在渗漉法中，将天然生物活性物质粉末装在渗漉器中，然后不断添加新溶剂，使其渗过活性物质，自上而下从渗漉器下部流出浸出液。渗漉法的优点是可以持续地进行提取，并且提取液的浓度随着溶剂的加入而逐渐增大。由于重力作用，溶剂可以更好地渗透到活性物质粉末中，从而提高了提取效率。此外，渗漉法还可以将收集的稀渗漉液作为另一批新原料的溶剂，从而减少了溶剂的用量和操作成本。然而，渗漉法的操作相对复杂，需要控制好溶剂的流量和浓度，同时也需要定期更换溶剂，以确保提取效率和产品质量。此外，对于一些容易膨胀或黏稠的天然产物，渗漉法可能不太适用。

渗漉法是将粉碎的天然原材料湿润膨胀后装入渗漉器内，浸出溶剂连续从渗漉器上部加入，在渗过料层往下流动的过程中将有效成分萃取出来，在渗漉器下面出口处收集浸提液，见图3-1[1]。

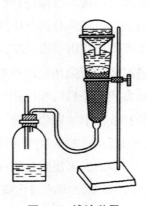

图3-1　渗漉装置

渗漉法的提取效果相比浸提法要好，提取更加完全，还可使用几种溶剂依次进行渗漉。缺点是溶剂用量大，对原料粒度及工艺要求较高，样品不宜过细，以免溶剂流经原料层时速度太慢，影响传质过程。

在渗漉过程中，控制流速和及时补充新溶剂是非常重要的。这样可以确保活性物质中的有效成分能够充分地被浸出。通常，当渗漉液的颜色变得很浅或者渗漉液的体积达到原活性物质的10倍左右时，可以认为基本上已经提取完全。需要注意的是，渗漉液的颜色和体积并不是完全准确的判断依据，还需要结合其他指标来评估提取效果。此外，对于不同的天然产物和目标成分，最佳的提取条件也会有所不同，因此需要根据实际情况进行调整和优化。

渗漉法和浸渍法都是常用的天然产物有效成分提取方法，但它们的工作原理和操作方式有所不同。浸渍法是一种静态的提取方法，它将天然产物与提取溶剂混合后放置一段时间，让有效成分充分溶解在溶剂中。由于提取过程中没有外部动力推动溶剂渗透，因此浸渍法需要较长时间来达到提取平衡。渗漉法是一种动态的提取方法，它利用重力或泵等外部动力，不断向天然产物中添加新的溶剂。随着溶剂的向下流动，有效成分被不断浸出并溶解在溶剂中。由于溶剂的流动促进了物质的传递和扩散，渗漉法的提取效率比浸渍法更高，可以在较短的时间内提取更多的有效成分。在实际应用中，可以根据具体的天然产物和目标成分选择合适的提取方法。

常用的提取设备为渗漉筒。根据提取时所用渗漉筒数量和方法不同，可将其分为单渗漉法、重渗漉法、加压渗漉法、逆流渗漉法。本书主要介绍单渗漉法。单渗漉法是一种常用的天然产物有效成分提取方法，它采用渗漉筒作为提取设备。在单渗漉法中，将天然产物粉碎后放入渗漉筒中，然后加入提取溶剂，通过重力作用使溶剂向下流动并浸提天然产物中的有效成分。单渗漉法的优点是操作简单、提取效率较高，同时可以在常压下进行，适用于大多数天然产物的提取。然而，单渗漉法也存在一些缺点，如提取时间长、溶剂用量大等，对于一些热敏性成分可能会造成一定的损失。在单渗漉法的操作过程中，需要注意控制流速和溶剂的添加量，以避免对天然产物中的有效成分造成损失。此外，对于不同的天然产物和目标成分，还需要选择合适的溶剂和操作条件，以达到最佳的提取效果。

单渗漉法的一般操作流程如下。

（1）粉碎

将天然产物粉碎至适宜的粒度，过粗或过细都会给渗漉带来不利影响，一般以《中国药典》中等粉或粗粉规格为宜。这个过程可以增加天然产物与溶剂的接触面积，从而提高提取效率。粉碎后的天然产物可以更好地与溶剂混合，使有效成分更容易从天然产物中溶解出来。在粉碎过程中，需要注意将天然产物均匀粉碎，避免产生过大的颗粒，影响提取效果。同时，还需要根据天然产物的性质和目标成分选择合适的粒度，以达到最佳的提取效果。

（2）润湿

将粉碎后的天然产物放入渗漉筒中，并加入适量的润湿剂。这个步骤的目的是使天然产物充分湿润，以促进有效成分的溶解和扩散。在润湿过程中，需要注意控制润湿剂的用量和加入方式，以避免对天然产物中的有效成分造成损失。同时，还需要根据天然产物的性质和目标成分选择合适的润湿剂，以达到最佳的提取效果。

（3）装筒

将已湿润的药材分次装入渗漉筒中，应松紧适宜，均匀压平。装得过松或压得太紧，都不利于渗漉的顺利进行。将天然产物装入渗漉筒中，以便进行下一步的提取操作。在装筒过程中，需要注意控制药材的松紧度和压平程度，以避免对天然产物中的有效成分造成损失。同时，还需要根据天然产物的性质和目标成分选择合适的装筒方式，以达到最佳的提取效果。

（4）排气

在浸渍液中排除气泡。这个步骤的目的是确保浸渍液的流畅性，避免气泡对提取过程的影响。在排气过程中，需要注意控制排气的时间和方式，以避免对天然产物中的有效成分造成损失。同时，还需要根据天然产物的性质和目标成分选择合适的排气方式，以达到最佳的提取效果。

（5）浸渍

将已装入渗漉筒的天然产物用溶剂浸渍。为使提取溶剂渗透和扩散充分，浸渍时长一般为24~48h。这个过程可以使天然产物中的有效成分充分溶解在溶剂中，达到提取的目的。在浸渍过程中，需要注意控制溶剂的用量和浸渍时间，以避免对天然产物中的有效成分造成损失。同时，还需要根据天然产物的性质和目标成分选择合适的浸渍方式，以达到最佳的提取效果。

（6）渗漉

渗漉速度应该控制成滴状，而不是成线状。如果渗漉液的颜色明显变浅，或者渗漉液的体积相当于原产物重量的10倍，这时可以基本确定提取过程已经完成。渗漉提取法的独特之处在于其溶剂自上而下流动，由稀到浓，不断造成浓度差。这样有利于目标成分的溶解和扩散。与传统的浸渍法相比，渗漉法相当于进行了无数次的浸渍，是一个动态的过程，可以进行连续操作，因此浸出效率更高。此外，渗漉提取法还具有一些其他的优点。例如，它可以在常温下进行操作，避免了高温对有效成分的破坏；同时，溶剂的用量比传统的浸渍法要少，可以节约资源并减少对环境的污染。此外，渗漉提取法的操作相对简单，容易掌握，适合于大规模的生产应用。

不同的天然产物具有不同的性质和提取要求，因此在实际操作中需要根据具体情况选择合适的提取方法和溶剂。同时，还需要对提取过程进行严格的控制和管理，以确保提取效率和产品质量。以植物为例，植物中的活性成分可能包括生物碱、黄酮类化合物、酚酸类化合物、挥发油、有机酸等。这些成分的性质和含量可能会因植物种类、生长环境、采集时间等因素而异。因此，在提取这些活性成分时，需要根据植物的具体情况和提取要求选择合适的提取方法和溶剂。例如，对于一些需要保持植物细胞完整性的情况，可以选择细胞破碎提取法，使用如甲醇、乙醇、丙酮等有机溶剂进行提取。而对于一些需要保持活性成分活性的情况，可以选择超声波辅助提取法或微波辅助提取法，使用如水、甲醇、乙醇等极性溶剂进行提取。在提取过程中，还需要对温度、时间、溶剂浓度等参数进行严格的控制和管理。例如，过高的温度可能会导致活性成分的分解或变性，而过长的提取时间可能会导致溶剂的挥发或活性成分的氧化。因此，在提取过程中需要密切关注这些参数的变化，并及时进行调整。此外，对于一些具有复杂化学成分的天然产物，如中药材等，还需要进行分离纯化过程。这个过程可以通过柱层析、薄层色谱、高效液相色谱等技术实现。在这个过程中，也需要根据天然产物的具体情况选择合适的分离纯化方法和溶剂。

3.3 煎煮法

煎煮法是一种历史悠久的简单浸出方法，也是目前最常用的制备浸出制剂的方法之一。该方法主要是将药材加水煎煮，然后取汁。由于这种方法使用的是水作为浸出溶剂，因此有时也被称为"水煮法"或"水提法"。煎煮法具有操作简单、适用范围广、提取效率高等优点，因此在中药制剂的制备中得到了广泛应用。通过煎煮法，可以将药材中的有效成分提取出来，并制成各种不同的浸出制剂，如煎剂、浸膏剂、流浸膏剂等。虽然煎煮法是一种简单易行的浸出方法，但是在实际操作中也需要注意一些问题。例如，煎煮时间的长短、温度的高低、溶剂用量的多少等因素都会影响到提取效率和产品质量。此外，对于一些具有特殊性质的药材，还需要采取一些特殊的处理方法，如先煎、后下、包煎等，以保证提取效率和产品质量。

（1）提取容器

提取容器在煎煮法中扮演着至关重要的角色。砂锅、搪瓷锅、不锈钢锅和玻璃煎器等是常见的提取容器，它们具备耐高温和抗腐蚀的特性，同时不会与药材中的成分发生反应，确保了药液的质量和稳定性。在直接用火加热的过程中，为了避免局部活性物质受热太高而产生焦糊，最好时常进行搅拌。

此外，大型反应锅、铜锅、木桶或水泥池子等采用蒸气加热设备也是常见的提取容器选择。这些容器不仅适用于中药煎煮，还可通过管道将多个煎煮器互相连接，实现连续煎浸，从而提高生产效率。

（2）煎煮过程

煎煮过程通常包括以下步骤。

①取规定天然产物，将其切碎或粉碎成粗粉。

②将天然产物放入适宜的煎煮容器中，加入适量的水，浸泡30min～1h，以利于有效成分的充分溶出。浸泡时间可能因天然产物的类型而异。

③武火加热煮沸，然后改用文火微沸一段时间。这是为了使有效成分充分溶解在水中。

④分离煎出液和滤渣，依法煎出数次（一般为2~3次），直到煎液味道变得淡为止。每次煎煮后，将煎液和滤渣分别收集。

⑤合并各次煎出液，浓缩至规定浓度。这通常涉及将煎液蒸发部分水分，以使浓度达到所需的标准。

以上是煎煮法的一般步骤，具体操作可能因天然产物的种类和所需提取成分的不同而有所调整。

煎煮法是一种常用于制备不同剂型的中药制备方法，包括片剂、丸剂、散剂、颗粒剂以及注射剂等。该方法采用水溶液作为提取溶剂，并在提取过程中进行加热，因此适用于对水溶性较好、对热稳定的有效成分进行提取。然而，煎煮法也存在一些缺点。首先，煎煮时可能同时浸出大量杂质，这可能对后续的精制过程造成不利影响。其次，一些天然产物中含有的淀粉、糖等成分可能导致煎煮浸出后的提取液变得粘稠，给下一步的分离提取过程（如过滤）带来不便。这些问题需要在实际应用中谨慎考虑，以确保提取的有效成分纯度和制备的药物质量。这可能会使得过滤变得困难，甚至可能需要更长时间才能完成。此外，煎煮法对于一些对热敏感或者易氧化的成分可能不太适用。长时间的加热可能会导致这些成分失去活性或者被氧化。因此，在选择使用煎煮法时，需要考虑这些因素并做出相应的调整[11]。

3.4 索氏提取法

索氏提取法（Soxhlet Extraction）是一种用于从固体物质中提取化合物的经典技术。其基本原理是将固体物质粉碎，随后将其装入提取器中。提取器的下端连接着一个圆底烧瓶，圆底烧瓶中盛有相应的溶剂，而提取器的上端与回流冷凝管相连。

在实施过程中，圆底烧瓶受热使得溶剂沸腾，产生的蒸气通过提取器的支管上升，然后在冷凝管处冷凝成液滴，最终滴入提取器中。这时，溶剂与固体发生接触，进行化合物的萃取。当溶剂面上升至虹吸管最高处时，虹吸效应使含有化合物的溶剂被虹吸回到圆底烧瓶中，实现了连续的提取过程。这个循环的过程使得通过不断用新的溶剂对固体物质进行萃取，达到了高效提取的目的。索氏提取法结合了热回流法和渗漉法的优点，可缩短提取时间并减少溶剂消耗，但不适合热不稳定性物质的提取。

索氏提取法的操作步骤如下。

（1）在索氏提取法的操作过程中，将滤纸切成8cm×8cm大小，并叠成一边不封口的纸包，确保溶剂可以轻松地渗透到滤纸包中，并且能够充分地与样品接触，从而有效地萃取其中的化合物。接下来，使用硬铅笔编写顺序号，方便后续的操作和管理。将编写好顺序号的滤纸包按顺序排列在培养皿中，以便进行下一步的操作。

（2）将盛有滤纸包的培养皿移入105℃±2℃烘箱中干燥2h，这是为了确保滤纸包完全干燥，以便后续的萃取操作能够顺利进行。在干燥过程中，滤纸包中的水分和其他易挥发的成分会被蒸发，使得溶剂更易于渗透到样品中。当干燥时间结束后，将培养皿从烘箱中取出，并立即放入干燥器中，避免外部环境中的湿气或其他杂质对干燥的滤纸包产生影响，从而确保样品的质量和纯度。在干燥器中，滤纸包会逐渐冷却至室温，避免温度变化对样品产生影响。同时，冷却过程也有助于提高后续萃取操作的效率。

（3）在索氏提取法中，按顺序将各滤纸包放入同一称量瓶中称重是为了确保样品的质量和纯度，避免不同滤纸包之间的质量差异对萃取结果产生影响。在称量时，室内相对湿度必须低于70%。这是为了确保称量结果的准确性。如果室内湿度过高，可能会对滤纸包和样品的重量产生影响，从而影响萃取效率。因此，需要选择湿度较低的环境进行称量操作。

（4）在上述已称重的滤纸包中，装入3g左右研细的样品，使得萃取过程更加充分和有效。研细的样品能够增加样品与溶剂的接触面积，提高萃取效率。封好包口，确保溶剂不会泄漏或挥发，从而保持萃取过程的密闭性。这对于后续的萃取操作至关重要。接下来，将装有样品的滤纸包放入105℃±2℃的烘箱中干燥3h。在干燥过程中，样品中的水分和其他易挥发的成分会被蒸发，使得溶剂更易于渗透到样品中。当干燥时间结束后，将滤纸包从烘箱中取出，并立即放入干燥器中，避免外部环境中的湿气或其他杂质对干燥的样品产生影响，从而确保样品的质量和纯度。在干燥器中，滤纸包会逐渐冷却至室温，避免温度变化对样品产生影响。同时，冷却过程也有助于提高后续萃取操作的效率。

（5）按顺序号依次将滤纸包放入称量瓶中进行称重，确保每个滤纸包都有正确的重量，并记录在相应的位置上，避免混淆或错误地记录滤纸包的重量，从而影响萃取结果。在称重时，需要使用精密的电子天平或实验室称量设备来确保准确性和精度。如果使用不准确的称量设备，可能会导致实验结果的偏差，甚至影响到后续的实验结论。

（6）将装有样品的滤纸包用长镊子放入抽提筒中，然后注入一次虹吸量的1.67倍的无水乙醚，确保样品能够充分地被萃取。无水乙醚是一种常用的有机溶剂，具有较好的溶解能力和提取性能，能够有效地将样品中的目标成分提取出来。

（7）当抽提完毕后，使用长镊子小心地取出滤纸包。此时，乙醚仍然包裹在滤纸包中，需要将其放置在通风处使乙醚逐渐挥发。这个过程通常需要数小时或更长时间，具体时间取决于环境温度和湿度等因素。

（8）为了充分利用资源并减少浪费，提取瓶中的乙醚需要另行回收。

（9）待乙醚挥发之后，将滤纸包置于105℃±2℃烘箱中干燥2h，进一步去除滤纸包中的残留水分和其他易挥发的成分，以确保样品的质量和纯度。在干燥器中，滤纸包会逐渐冷却至室温，让滤纸包逐渐适应室温环境，避免温度变化对样品产生影响。同时，冷却过程也有助于提高后续实验操作的效率。

3.5 回流提取法

3.5.1 回流加热提取

回流加热提取常用的设备有提取瓶、冷凝管。在图3-2所示的反应装置中，将植物样品与溶剂混合，然后进行一定时间的加热回流。随后，通过过滤操作获取提取液。将残留物再次处理，加入溶剂并进行大约0.5小时的回流。重复此步骤多次，最终将所有提取液合并，通过减压操作回收溶剂，最终得到提取浸膏。相较于冷浸法，回流提取法的提取效率较高。然而，对于热不稳定或容易分解的成分，不建议采用此方法。如果所需提取的有效成分在所选溶剂中不易溶解，需要增加回流提取次数，导致溶剂消耗较多、操作烦琐且费时。因此，在大量生产中一般不采用此方法。

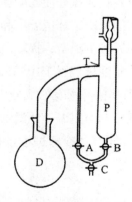

图3-2 回流提取法装置

A、B、C—活塞；D—回流瓶；P—管

回流加热提取是一种常用的化学实验室技术，用于从固体样品或混合物中提取目标化合物或化学成分。其基本原理是使用加热介质来改变混合物中各成分之间的相互作用方式，从而改变混合物的性质形状和结构，使混合物中的各成分产生结晶化，以实现组分的有效分离和提取。

回流加热提取主要有以下具体步骤。

（1）样品制备。将待提取的固体样品或混合物准备好，通常需要研磨、粉碎或溶解等预处理步骤，以提高提取效率和速度。

（2）选择适当的反应容器。通常是圆底烧瓶或锥形瓶，具有足够的容积和耐热性能。

（3）选择适当的溶剂。根据待提取物的性质和溶解度，选择适当的溶剂。常用的溶剂包括水、有机溶剂（如乙醚、甲醇、乙酸乙酯等）或其混合物。

（4）反应条件。将样品和溶剂放入反应容器中，并根据具体实验要求调整温度和时间。加热通常是通过加热器或油浴进行，温度可根据目标化合物的性质和反应条件进行优化。

（5）回流提取。在回流条件下，溶剂蒸汽将目标化合物从固体样品中提取出来，并在反应容器中溶解。这个过程可以持续数小时甚至数天，以确保充分的提取。

（6）收集提取液。在回流提取过程结束后，收集提取液。

回流加热提取法的优点是可以在相对固定的温度和流量条件下对混合物进行分离，并且可以有效地改变混合物中各成分的分布和分离性能。此外，通过选择不同的溶剂和实验条件，可以实现对目标化合物的高效提取和分离。

3.5.2 连续回流提取

连续回流提取常用的设备是索氏提取器，其装置由冷凝器、带有虹吸管的提取管及烧瓶组成（图3-3）。这种提取器设计使操作简便且提取效率高。连续提取法利用一套仪器使溶剂自动流入加热器（图3-4）中进行提取，提取液受热时间长，因此不适合用于受热易分解的成分的提取分离。

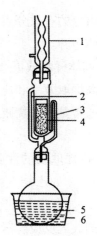

图3-3　索氏提取器

1—冷凝管；2—溶剂蒸气上升管；3—虹吸回流管；4—装有原料的滤纸筒；

5—溶剂；6—水浴

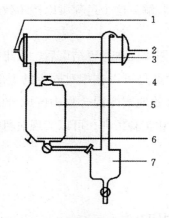

图3-4　连续提取装置示意图

1—出水口；2—进水口；3—冷凝管；4—进料口；5—提取罐；

6—出渣口；7—浓缩罐

连续回流提取的具体步骤如下。

（1）将天然产物粉碎，取适量用脱脂滤纸包好，置于提取管中，确保样品被均匀地分散在提取溶剂中，从而能够充分接触和溶解样品中的目标成分。使用脱脂滤纸可以避免样品在提取过程中受到污染。

（2）向瓶内加入提取溶剂。根据实验设计，选择合适的提取溶剂，如乙醇、乙醚等。加入的溶剂应该能够覆盖样品，确保样品的充分溶解和萃取。

（3）将烧瓶置水浴上加热，促使溶剂受热气化到达冷凝器。水浴加热可以控制温度，避免样品因高温而损失或分解。

（4）汽化后的溶剂在冷凝器中遇冷凝结，凝成液滴滴入提取管内。这一步骤是利用了溶剂的挥发性和冷凝作用，使溶剂不断循环使用，从而持续地对样品进行萃取。

（5）待提取管内的溶剂足够多时，提取溶剂就会经虹吸管流入提取瓶。虹吸作用是利用液体的重力作用产生流动，从而将提取溶剂和萃取后的样品转移至提取瓶中。

（6）提取瓶内的提取溶剂反复被加热气化、上升、冷凝，滴入提取管内，确保样品中的目标成分被充分溶解和萃取，直到抽提完全为止，提高提取效率。同时，循环使用溶剂可以减少溶剂的浪费，提高溶剂的利用率。

此法利用溶剂回流及虹吸原理，有效节省了溶剂，使天然产物连续不断地被纯溶剂萃取。连续回流提取法的优点是提取效率较高，可以实现对目标成分的有效分离和提取。此外，通过选择不同的溶剂和实验条件，可以实现对不同样品中不同成分的高效提取和分离。

3.6 水蒸气蒸馏法

水蒸气蒸馏法是一种常用的分离方法，适用于被蒸馏成分与水不混溶的情况。它的原理是利用被分离的物质在比水沸点低的温度下沸腾生成的蒸气和水蒸气一同逸出，经凝结后得到水–油两液层，达到分离的目的。水蒸气蒸馏法的优点是操作简便、分离效果好、应用范围广。它适用于分离含有挥发性成分的物质，如香料、精油等。同时，水蒸气蒸馏法还可以用于从废液中回收有用物质，如废油、废溶剂等。需要注意的是，水蒸气蒸馏法不适用于分离易氧化、易分解的物质，因为高温下这些物质可能会发生化学反应或分解。此外，水蒸气蒸馏法也需要考虑到被蒸馏物质的稳定性和热敏性，以避免对被蒸馏物质造成损害。

水蒸气蒸馏法原理如下。

（1）根据道尔顿定律，当水和不（或难）溶于水的化合物一起存在时，整个体系的蒸气压力应为各组分蒸气压力之和。即：

$$P=P_水+P_A（P_A为与不溶化或难溶化合物的蒸汽压）$$

水蒸气蒸馏法是一种常用的分离方法，适用于被蒸馏成分与水不混溶的情况。在进行水蒸气蒸馏时，首先需要将待提取的中草药原料放入蒸馏设备中，加入适量的水，开启加热设备，使混合物沸腾。此时，混合物的蒸汽压会随着温度的升高而增大，当混合物的蒸汽压与外界大气压相等时，混合物开始沸腾。当混合物沸腾后，沸点最低的组分会随着水蒸气一起被带出，然后通过冷凝器进行冷凝，得到分离后的组分。对于小分子生物碱和小分子酚类物质等，可以通过调节冷凝器的温度来控制其结晶速度和结晶形态，从而达到分离和提取的目的[12]。

（2）在进行水蒸气蒸馏时，首先需要将待提取的中草药原料放入蒸馏设备中，加入适量的水，开启加热设备，使混合物沸腾。此时，混合物的蒸汽压会随着温度的升高而增大，当混合物的蒸汽压与外界大气压相等时，混合物开始沸腾。

（3）当混合物沸腾后，沸点最低的组分会随着水蒸气一起被带出，然后通过冷凝器进行冷凝，得到分离后的组分。对于小分子生物碱和小分子酚类物质等，可以通过调节冷凝器的温度来控制其结晶速度和结晶形态，从而得到分离和提取的目的。

（4）水蒸气蒸馏法具有许多优点。首先，该方法不会对设备和操作条件有苛刻的要求，因此非常适合在工业生产中进行应用。其次，水蒸气蒸馏法污染小，能够保持产品的清洁和纯度。此外，水蒸气蒸馏法的能耗适中，相对于其他分离方法更加节能和环保。最后，水蒸气蒸馏法的工业应用价值很大，可以用于各种需要提取和分离化合物的生产过程中。需要注意的是，水蒸气蒸馏仅限于简单蒸馏或过热水蒸气作为惰性气的载气蒸馏。这意味着该方法可能无法适用于某些复杂的化合物或需要更高纯度要求的提取过程。因此，在使用水蒸气蒸馏法时需要根据具体情况进行选择和调整。

在进行水蒸气蒸馏时需要注意以下几点：首先，要保证加入的水量适量，避免过多或过少；其次，要控制加热速度和温度，避免过高或过低；再次，要选择合适的冷凝器型号和规格，保证冷凝效果；最后，要注意安全操作规程，避免烫伤等意外事故的发生。

3.7　其他传统提取法

3.7.1　升华法

升华法是一种常用的天然生物活性物质提取方法。它利用某些物质在加热时直接汽化，然后在冷却时重新凝固为固体的性质，将目标物质从天然原料中分离出来。

以樟木和樟脑为例，当樟木被加热时，其中的樟脑会直接汽化，然后冷却后重新凝固为固体。通过升华法，可以将樟脑从樟木中提取出来。同样的方法也可以用于提取茶叶中的咖啡碱等生物活性物质。

升华法具有操作简单、提取效率高等优点，因此在天然药物提取、香料提取等领域得到广泛应用。需要注意的是，升华操作需要严格控制温度和冷却条件，以避免目标物质的分解或损失。

3.7.2　分子蒸馏技术

在高真空环境下，液体混合物中各组分的蒸发速率有所差异，分子蒸馏技术就是利用这一特点来进行提取和分离。在较低的压力下，气体分子的平均自由程会增大，这意味着气体分子在移动时与其他分子的碰撞机会减少。当蒸发空间的压力降低到一定程度（例如10.2~10.4毫米汞柱），并且冷凝表面与蒸发表面之间的距离小于气体分子的平均自由程时，从蒸发表面汽化的蒸气分子可以直接到达冷凝表面而无须与其他分子碰撞。因此，分子蒸馏可以有效地利用各组分蒸发速率的差异来分离液体混合物[1]。

短程蒸馏器是一个工作在极低压强下的热分离仪器，特别适合于进行分子蒸馏，这是一种依赖于不同物质分子运动平均自由程差别的分离技术，使得蒸气分子在从加热面到冷凝面的过程中能够有效地进行热交换和物质传递，从而实现高效分离。分子蒸馏是一种用于实现高纯度、高分离度的液液分离的有效过程。通过以下4个步骤，可以掌握分子蒸馏的关键原理，以优化分离过程，确保产物的纯度和质量。

（1）分子扩散与液层流动

在分子蒸馏的第一步，液体中的分子开始从液相主体向蒸发表面扩散。这个过程中，分子由液态扩散到气态，形成气相。通过搅拌或超声波振动等方法提高液相的扩散速度，从而提高分子的蒸馏速度。

（2）自由蒸发与温度控制

第二步是分子在液层表面上的自由蒸发。在这一阶段，分子从液态转化为气态。蒸发速度随着温度的升高而增加，然而，蒸发速度的提高有时会导致分离速度的降低。因此，在选择蒸馏温度时，需要考虑被加工物质的热稳定性，并确保选择经济合理的蒸馏温度。

（3）分子飞射与碰撞

第三步涉及分子从蒸发面向冷凝面飞射。在这个过程中，需要注意空气分子的数量，过多的空气分子可能会影响分子的飞射方向和蒸发速度。

（4）冷凝与温度控制

最后一步是分子在冷凝面上的冷凝。这一过程需要确保冷热两面间有足够的温度差（一般为70~100℃），并选择合理冷凝器的形式，这样才能保证高效而可靠的冷凝。

3.7.2.1 条件

（1）为了进行分子蒸馏，残余气体的分压必须很低，这意味着蒸馏器内的气体混合物中，残余气体的浓度非常低。这样的环境有利于减少气体分子之间的碰撞，从而使得蒸气分子有更多的机会直接从蒸发面飞射到冷凝面上。残余气体的平均自由程长度指的是气体分子在与其他分子发生碰撞之间的平均距离。在分子蒸馏中，这个距离应当是蒸发面和冷凝面之间距离的倍数。这样设置可以确保蒸气分子在飞向冷凝面的过程中，不会因与其他气体分子的碰撞而偏离方向，从而提高分离效率和纯度。

（2）在饱和压力下，蒸气分子的平均自由程长度必须与蒸发面和冷凝面之间距离具有相同的数量级。这是因为当蒸气分子的平均自由程长度与蒸发面和冷凝面之间的距离相差过大时，蒸气分子可能在达到冷凝面之前就已经与其他气体分子发生碰撞，从而改变了飞行的方向。这会导致分离效率的降低和纯度的下降。因此，在饱和压力下，为了确保分子蒸馏的顺利进行，蒸气分子的平均自由程长度必须与蒸发面和冷凝面之间的距离保持在一个合理的范围内。

在理想的条件下，分子蒸馏的过程可以看作是蒸发与冷凝的连续进行，没有任何外部障碍的影响。这意味着蒸气分子可以顺利地从液相逸出，并直接飞射到冷凝面上，而不会在途中与其他气体分子发生碰撞，也不会有返回到液体的可能性。蒸发速度在这样的条件下会达到其可能的最大值，这是因为没有其他分子阻碍蒸气分子的逸出。此外，蒸发速度与压强成正比，这意味着随着压强的增加，蒸发速度也会相应地增加。然而，由于分子蒸馏的馏出液量相对较小，因此在大多数情况下，这种增加的蒸发速度并不会导致馏出液量的显著增加。

对于大中型短程蒸馏设备，冷凝面和蒸发面之间的距离通常被设置为20~50mm。在这样的设置下，当残余气体的压强为3~10mbar时，残余气体分子的平均自由程长度大约是冷凝面和蒸发面之间距离的两倍。这个特点使得短程蒸馏器能够很好地满足分子蒸馏的所有必要条件。短程蒸馏器的设计能够确保蒸发面和冷凝面之间的距离足够短，这样可以最大限度地减少气体分子在飞行的过程中与其他分子的碰撞。此外，短程蒸馏器的设计还能够确保残余气体的压强足够低，这样可以使得气体分子的平均自由程长度与蒸发面和冷凝面之间的距离保持在一个合理的范围内。这些因素共同作用，使得短程蒸馏器成为进行分子蒸馏的理想选择[1]。

3.7.2.2 特点

分子蒸馏是一种先进的分离技术，它能在远低于物料沸点的温度下操作，且物料停留时间短，为具有高沸点、热敏性及易氧化特点的物料的分离提供了最佳方法。

（1）分子蒸馏可以实现在常温、低温或高温下进行分离，具有更广泛的适用性[13]。

（2）分子蒸馏过程是不可逆的。这种不可逆性使得分子蒸馏具有更高的分离效率和纯度。

（3）分子蒸馏具有更高的分离效率和纯度。

（4）分子蒸馏的分离能力与组元的蒸汽压和分子量之比以及相对蒸发速度有关。

分子蒸馏技术的核心优势在于其在远低于沸点的温度下进行操作，只需存在温度差即可达到分离目的，这使得它与常规蒸馏技术有了本质的区别。由于这一特点，物料不易在蒸馏过程中氧化受损。

分子蒸馏技术的核心优势在于其不必达到沸点，仅需利用存在的温度差便可实现有效的分离。这一特点使物料在蒸馏过程中不容易发生氧化和损伤，为其带来了显著的优越性。

分子蒸馏技术的另一个显著特点是其蒸馏液膜极薄，传热效率极高。这意味着在相对短的受热时间内即可完成分离过程。蒸馏物料在蒸馏温度下停留的时间通常仅为几秒至几十秒之间，显著减少了物料发生热分解的机会。

此外，分子蒸馏技术的高效性还体现在其能够分离一些常规难以分离的物质，进一步拓展了其应用范围。这意味着在实际应用中，分子蒸馏不仅能够提高分离效率，还能够应对那些传统蒸馏方法难以处理的物质，为分馏过程的灵活性和适用性带来了重要的优势。

由于分子蒸馏过程中无毒、无害、无污染、无残留的特性[14]，最终得到的产物具有卓越的纯净性和安全性。这使得分子蒸馏在广泛的应用领域中成为一种理想的分离技术，满足了对高质量、无污染的产品的不断增长的需求。

3.7.2.3 设备

分子蒸馏设备由以下部分组成：分子蒸发器、脱气系统、进料系统、加热系统、冷却真空系统和控制系统。分子蒸馏设备的核心部分是分子蒸发器，其种类主要有以下几种[15]。

（1）降膜式分子蒸馏装置

降膜式分子蒸馏装置是一种早期的分子蒸馏设备，其结构相对简单。然而，由于液膜较厚，导致效率较低，现在已经被其他更先进的分子蒸馏设备所取代。这种装置是利用重力作用，使蒸发面上的物料形成液膜并降下。在物料被加热后，蒸发物质可以在相对方向的冷凝面上凝缩。

降膜式分子蒸馏装置通常由一个加热器、蒸发面、冷凝面、液体分布器和接收器等组成。在操作时，将待分离的物料通过液体分布器均匀地分布在蒸发面上，然后通过加热器对物料进行加热。受热后的物料在蒸发面上形成液膜，并开始蒸发。蒸发的气体分子在向冷凝面运动的过程中，会受到冷凝面的冷却作用，从而凝缩成液体。

这种装置的主要优点是结构简单，易于制造和操作。然而，由于液膜厚度较大，导致传热效率较低，蒸馏时间较长。此外，由于重力作用导致液膜均匀性较差，也限制了这种装置的应用范围。

随着科技的不断进步，现在的分子蒸馏装置已经采用了更加高效的冷凝器和蒸发器设计，以及先进的控制系统和分离技术，使得分子蒸馏的效率和精度都得到了显著提高。尽管降膜式分子蒸馏装置已经逐渐被淘汰，但它作为分子蒸馏技术的早期形式之一，仍然具有一定的历史意义和研究价值。

（2）刮膜式分子蒸馏装置

刮膜式分子蒸馏装置是一种先进的分子蒸馏设备，具有高效率、高精度的优点。这种装置形成的液膜非常薄，能够实现高效分离，同时由于结构相对复杂，需要设置一个硬碳或聚四氟乙烯制的转动刮板来保证液膜厚度小且分布均匀。

刮膜式分子蒸馏装置通常由一个加热器、蒸发面、冷凝面、液体分布器、刮板和接收器等组成。在操作时，待分离的物料通过液体分布器均匀地分布在蒸发面上，然后通过加热器对物料进行加热。受热后的物料在蒸发面上形成液膜，并开始蒸发。蒸发的气体分子在向冷凝面运动的过程中，会受到冷凝面的冷却作用，从而凝缩成液体。

该装置的优点是液膜厚度小且分布均匀，能够实现高效分离。由于液膜较薄，传热和传质过程得到强化，被蒸馏物料在操作温度下停留时间短，热分解的危险性较小。此外，该装置可以连续操作，生产能力大，适用于大规模生产。

（3）刮板式分子蒸馏装置

刮板式分子蒸馏技术采用Smith式45°对角斜槽刮板，引导物料沿着蒸馏器壁向下移动，通过控制刮板转动实现高度薄膜混合。相较于其他传统的蒸馏装置，刮板式分子蒸馏装置表现更为卓越。

（4）离心式分子蒸馏装置

离心式分子蒸馏装置是一种先进的分子蒸馏设备，依靠离心力形成液膜，具有高效率和高效分离特性。离心式分子蒸馏器的优点在于，可以有效避免热敏物质发生热分解，且离心式分子蒸馏器具有更大的处理能力，更适合工业上的连续生产。

3.7.3 连续提取法

在应用挥发性有机溶剂提取天然生物活性物质有效成分的过程中，连续提取法被认为是一种较为优越的方法。这种方法的优点在于，它可以实现溶剂的连续循环使用，从而减少了溶剂的用量。同时，由于提取过程是连续进行的，提取成分的效率也相对较高，能够更完全地提取出目标成分。

在实验室或小型生产环境中，连续提取法可以通过脂肪提取器或索氏提取器来实现。索氏提取器是一种常用的脂肪提取器，它的工作原理是利用溶剂的回流和虹吸作用，将样品中的脂类物质萃取出来。这种提取器具有操作简便、提取效率高等优点，因此在实验室中得到了广泛的应用。

然而，连续提取法也存在一些缺点。其中最主要的问题是，由于提取过程需要加热，对于遇热不稳定或易变化的成分来说，这种方法并不适用。在这种情况下，采用其他提取方法可能会更加合适。

3.7.4 物理场强化提取

在传统的溶剂萃取过程中，通常需要长时间的浸泡和搅拌，以充分提取出目标成分。然而，这种方法不仅耗时，而且可能会引起目标成分的降解和变化。为了解决这个问题，可以加入物理场来强化萃取过程。其中，超声处理是一种非常有效的物理场强化提取技术。超声波的空化作用能够在物质内部产生微小的气泡，这些气泡在超声场中会不断震动、生长和破裂。这个过程会产生强大的冲击力和高温高压，从而破坏细胞壁和细胞内部的障碍物，使目标成分更容易释放出来。

超声强化提取技术具有很多优点。首先，它能够显著缩短提取时间，提高提取效率。其次，由于超声波的空化作用能够破坏细胞结构和障碍物，因此可以更充分地提取出目标成分，减少提取物中的杂质和残留。最后，超声强化提取技术还可以降低活性物质的降解和变化，提高产品的质量和稳定性。表3-1为超声强化提取技术在天然产物提取中的应用示例。从表中可以看出，超声处理能够显著提高提取效率，缩短提取时间，同时降低活性物质的降解和变化。这种技术在天然产物的提取中具有广泛的应用前景，可以用于植物药、中草药、食品和化工等领域。

表3-1 超声强化提取技术在天然产物提取中的应用

提取物质	效果
茶多酚	比水提取法高40%
青蒿素	提取率高达83%
姜黄素	改善溶剂萃取，提高浸取率和浸取速率
葛根异黄酮	20min高于传统工艺10h的结果
黄酮	萃取率达94.6%

　　微波是一种高频电磁波，具有穿透性、吸收性和反射性等特点。在天然产物提取中，微波的应用主要利用其加热作用，对植物内部进行迅速加热，使内部组织在很短的时间内破裂。这种加热方式具有高效、快速、均匀等特点，能够显著提高提取效率。微波萃取是一种新型的萃取技术，其特点是可以显著降低溶剂用量，减少提取时间，提高收率。与传统萃取方法相比，微波萃取具有更高的传热效率和更快的加热速度，能够更好地保护目标成分的活性和稳定性。此外，微波萃取还具有操作简便、易于控制等优点，因此在天然产物的提取中得到了广泛的应用。

　　表3-2为微波在天然产物提取中的应用示例。从表中可以看出，微波萃取能够显著提高提取效率，缩短提取时间，同时降低溶剂用量和活性物质的降解。这种技术在天然产物的提取中具有广泛的应用前景，可以用于植物药、中草药、食品和化工等领域。

表3-2 微波在天然产物分离纯化中的应用

提取物质	效果
鹰抓豆碱	溶剂法提取率从52.3%提高到90.3%
紫杉醇	传统方法的溶剂成本为380美元/g，微波方法的溶剂成本为92美元/g
甘草酸	12min 3次提取相当于传统提取时间的22倍

3.7.5　双水相萃取技术

双水相萃取技术是一种非常有效的分离技术，最初是由瑞典科学家Per Albersson教授发现的。这种技术利用两种水溶性不同的物质形成的双水相体系，通过对目标成分进行萃取和分离，达到分离纯化的目的。双水相萃取技术具有很多优点，其中最重要的是其对生物产品稳定性好、易于放大的特点。与其他分离技术相比，双水相萃取技术对生物产品的稳定性更高，不会引起目标成分的降解和失活，因此特别适合用于生物大分子如蛋白质、核酸和细胞器等产品的分离纯化。

自20世纪90年代以来，双水相萃取技术已经广泛应用于天然产物的分离纯化。表3-3为双水相萃取技术在天然产物提取中的应用示例。从表中可以看出，双水相萃取技术可以用于从植物、动物和微生物中提取各种天然产物，如植物皂甙、黄酮、多肽和酶等。这种技术在这些天然产物的提取中具有高效、快速、稳定等特点，能够显著提高提取效率和产品质量。除了在天然产物提取中的应用外，双水相萃取技术还被广泛应用于其他领域，如化学合成、环境保护、食品加工等。这种技术的广泛应用表明其具有很高的实用价值和广阔的发展前景。随着科学技术的不断进步和应用领域的不断拓展，双水相萃取技术将会得到更加深入的研究和应用，如表3-3所示。

表3-3　双水相萃取技术在天然产物分离中的应用[16]

分离天然产物	双水相体系	分离效率
蜕皮激素(ecdysone)	UNON/Reppal PES	88% ~ 92%
黄芩苷(baicalin)	EOPO/K_3PO_4	分配系数为30 ~ 35
谷胱甘肽	EOPO/K_3PO_4	产率达80%以上甘草酸单铵盐的总回收率
甘草酸	EOPO/K_3PO_4	达68.4%
甘草素	乙醇/ K_3PO_4	收率91%，纯化倍数2.6
银杏黄酮	PEG/ K_3PO_4	相比为0.56，萃取率达98.2%

3.7.6 液膜分离和反胶团萃取

液膜分离和反胶团萃取是两种不同的分离技术。

液膜分离技术是美籍华人黎念之博士首先提出的方法，其主要特点是传质速度快、能耗低。液膜分离技术已用于黄连素的分离和北豆根碱的分离。黄连素提取量可达75%以上，北豆根总碱提取率达86%。液膜分离是一种新兴的分离技术，它采用膜技术，能够高效、快速、简单、节能地分离液体混合物，同时也可以析出有价组分并获得极纯的物质。其过程包括将待分离的液体混合物通过某种方式制成乳液，然后在一定的条件下进行破乳，使乳化剂和溶液分开，最终达到分离的目的。液膜分离具有较高的选择性和分离效率，并且处理能力大、可连续操作。

反胶团萃取是一种基于反胶团在乳化液膜中的萃取作用的分离技术。反胶团是一种具有特定性质的微小粒子，其表面是亲水的，但内部是疏水的。这种性质使得反胶团可以作为萃取剂，将疏水的物质从溶液中萃取出来。反胶团萃取具有很高的萃取率和反萃取率，并且可以选择性地进行分离和浓缩。此外，反胶团萃取还具有可直接从完整细胞中获取具有活性的蛋白质和酶的优点。然而，反胶团萃取的应用受到一些限制，例如表面活性剂合成费用较高，以及破乳分离要求设备复杂多样等。

总的来说，液膜分离和反胶团萃取各有其优点和局限性，适用于不同的应用场景。在选择使用时，需要根据具体的需求和条件进行判断和决策。

第4章　天然产物现代提取方法与技术

　　随着人们对天然产物价值的重视程度不断提高，用何种思路和方法将天然产物快速有效地提取出来，最大程度地发挥天然产物的作用，成为天然产物开发中的一个热点问题。天然产物现代提取技术的优势和广阔的发展空间正被人们不断认识与发掘，必将成为天然产物领域跨越发展的新动能。

4.1 超临界流体萃取技术

超临界流体具有高压高密度的特性，同时兼具气体和液体的优越性能。其扩散系数高、黏度低，具有类似气体的特点，同时对物质有强大的溶解能力。超临界流体萃取（Supercritical Fluid Extraction，SFE）是一种采用具有强溶解能力的超临界流体作为萃取剂，对活性成分进行提取分离的技术。该技术具有多项优势，包括高效、经济、自动化程度高、节省资源等。常用的超临界流体在大气压下为气态，因此易于从萃取组分中彻底分离出来，有助于减少有机溶剂的使用，同时不会对下一步的分析产生干扰。超临界流体萃取技术已广泛应用于天然产物提取、药物制备、食品工业等领域，为提高提取效率、减少对环境的影响做出了积极贡献。

超临界流体一般有 CO_2、N_2O、$CHCl_3$、C_2F_6、N_2、Ar 等，由于 CO_2 具有无毒、无味、价格低廉、性状稳定等优点，因此 CO_2 在超临界流体萃取中得到了广泛应用。图4-1为超临界 CO_2 流体萃取装置。超临界流体萃取是一种新型的天然产物提取方法，可用于多种天然产物的提取，如挥发油、含苷类及萜类、香豆素类等。该技术具有多项优点，包括提取效率高、操作温度低、节省资源等，但也存在着一些不足，如生产成本高、操作步骤烦琐、设备不易清洗等，这或多或少地限制了其产业化应用。

有学者对15种基质（包括甘薯果肉和果皮、番茄、杏、南瓜、桃，以及绿色、黄色和红辣椒的果肉和废料）中的类胡萝卜素进行超临界流体提取，在最佳工艺参数条件（59℃，350bar，15g/min CO_2，乙醇作为助溶剂，提取时间为30min）下，对于大多数样品，总类胡萝卜素回收率均大于90%。更多极性的类胡萝卜素，如叶黄素和番茄红素，显示出较低的回收率。

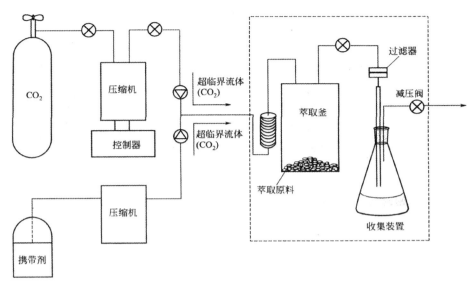

图4-1 超临界CO_2流体萃取装置

4.2 超声波辅助提取技术

超声波提取（Ultrasound Extraction）是利用超声波具有的空化效应、机械效应以及热效应，促进物质分子的热运动，增强溶剂的穿透能力，从而提取有效成分的方法。具体来说，超声波的空化效应使植物细胞壁破裂，超声波的机械效应令不同介质间更容易进行扩散与传导，超声波的热效应使提取体系中的温度升高，通过上述效应能够使活性成分更容易被提取出来。此方法具有操作简便、溶剂用量少、萃取时间短、萃取温度低、收率高等优点，成为实验室供试样处理的主要手段，但工业放大有一定的困难。不足之处在于，对有的物质其提取率并不高，并有较大噪声污染。超声波辅助提取技术已广泛应用于黄酮类、多糖类、皂苷类等天然产物的提取。槽式超声提取装置如图4-2所示。

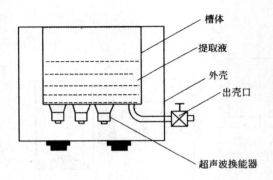

槽体
提取液
外壳
出壳口
超声波换能器

图4-2　槽式超声提取装置

4.2.1　超声波提取原理

（1）机械效应

超声波的机械效应是指超声波在介质中传播时，引起介质内部质点的振动，从而促进了介质中的扩散和传质过程。传播时，超声波形成一种特别的辐射压强，可以直接导致细胞组织破裂和植物蛋白质变性。此外，超声波还引起介质和悬浮体之间的不同加速度，使介质分子运动速度快于悬浮体分子，产生摩擦力，有利于生物分子的分离，加速细胞壁中有效成分的溶出。这些机械效应使超声波成为一种有效的生物分离和提取工具。

（2）空化效应

超声空化是指液体中的微小泡核受到超声波的激励，而发生的一系列动态变化，具体包括泡核的振荡、产生、收缩至崩溃等。根据空化动力学理论，这一过程可分为稳态空化和瞬态空化两种[17]。稳态空化是指气泡核跟随超声场周期性膨胀和压缩，围绕平衡点振动；而瞬态空化则是气泡核跟随超声场迅速膨胀和压缩，可视为绝热过程。气泡坍塌时，含气型气泡迅速加热至坍塌，产生局部高温、高压；真空型气泡则在压缩时迅速闭合，形成强烈的冲击波和微射流。在超声处理设备中，电能经过一系列的过程，最后转变为空化能，如图4-3所示。

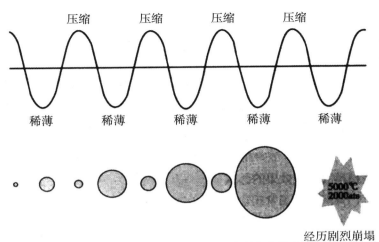

图4-3 超声空化示意图

（3）热效应

与其余物理波的相同之处为，超声波在介质中的传播也包含着能量的传播与扩散，即当超声波在介质中传播时，自身的声能会持续地被介质中的质点所吸收，其中的绝大部分声能被转化为热能，这便会令介质和物料的温度上升，有效成分在溶剂中的溶解度增大，有效成分的溶解速度提高。利用超声波对物料内部进行加热是在非常短的时间内完成的，这便能够保证有效成分的结构和生物活性不会受到破坏。

4.2.2 影响超声波提取效果的因素

（1）提取时间

提取时间分为浸泡时间和超声时间。浸泡时间会涉及物料的湿润程度对提取效率的影响，为了达到较好的提取效果，溶剂一定要完全浸入物料内部。不过，浸泡的时间也不能太长，不然物料中所含的糖类等成分就会析出，附着在物料表面，不利于有效成分析出，导致提取效率降低。超声时间多为10~100min，通常情况下20~45min便能取得良好的提取效果。

（2）超声频率

超声频率对有效成分的提取效果有很大的影响。不同物料的最佳超声频率也各有不同。进行提取时应根据物料的种类采用与其对应的最佳超声频率。通过对大黄中蒽醌类、黄连中黄连素和黄芩中黄芩苷的超声提取过程进行研究，分别以20kHz、800kHz、1100kHz的超声波进行提取，提取结果见表4-1，从中得出，超声频率为20kHz时，提取率最高。

表4-1 超声频率对有效成分提取率的影响结果

超声频率 /kHz	总蒽醌 /%	游离蒽醌 /%	黄连素 /%	黄芩苷 /%
20	0.95	0.41	8.12	3.49
800	0.67	0.36	7.39	3.04
1100	0.64	0.33	6.79	2.50

（3）温度

超声提取的过程中通常不用加热，但由于超声波具有显著的热效应，应注意控制过程中的温度。在超声波频率、时间和提取溶剂等条件不变的情况下，温度升高，对有效成分的提取效率也会提高，而温度升高到一定温度后，如温度仍升高，提取效率就会下降。这一现象可用超声波的空化效应来解释，以水为介质时，随着温度升高，水中的气泡会越来越多，有利于空泡作用；而温度过高，气泡内的蒸汽压会显著增强，使气泡在闭合时增加了缓冲作用，从而削弱空化作用。

（4）超声波的凝聚作用

超声波具有凝聚作用，它能够将气体或液体中悬浮的微粒凝聚，形成较大的粒子，使其沉淀。从槐米中提取芦丁时，其中的黏液质等对提取液的过滤和目标的析出沉淀过程起着关键作用。经过超声处理的提取液在静置沉淀阶段表现出更好的提取效果，为提高芦丁的纯度和提取效率提供了一种有效的方法。

（5）超声提取对有效成分性质的影响

以浸泡提取24h和以石灰水为溶剂超声（20kHz）处理30min对黄柏中小檗碱的提取进行比较，经过滤、盐析、干燥、酸沉等过程得小檗碱。利用核磁共振波谱仪和红外光谱仪分别测定上述两种小檗碱的氢谱和吸收图谱，发现两种方法所提取的小檗碱具有相同的红外光谱和核磁共振图谱，表明超声提取并不会影响小檗碱的分子结构。对黄芩苷、芦丁的研究也表明超声提取不会改变它们的结构。但在生物大分子如蛋白质、多肽或酶的提取中，超声提取会造成一定的破坏，从而降低了它们的生物活性。

4.2.3　超声技术在天然产物提取方面的应用

（1）在色素提取上的应用

研究表明，超声波在植物色素提取中的应用可以显著提高提取效率。丁来欣等[18]使用超声技术对勿忘我花中的色素进行提取，与传统的浸泡提取法相比，超声法提取的色素率提高了21.3%。

（2）在多糖提取上的应用

超声波技术在多糖提取中应用广泛。在以桑树叶为原料的实验中，不同提取方法的比较显示，在最佳条件下，超声波法提取多糖的产率高于常规法和微波法。这表明超声波在多糖提取领域的应用能够显著提高产率，为高效提取多糖提供了一种可行的方法。

（3）在生物碱提取上的应用

举例而言，李敬芬[19]等通过比较冷浸提取和超声提取两种方法提取浙贝母总生物碱，结果显示，采用超声波提取技术提取生物总碱的收率显著高于冷浸法。在另一项研究中，李杨等[20]考察了莲子皮中生物碱的超声工艺，在一定条件下，总生物碱的得率可达1.68mg/g。这表明超声波在提取生物碱方面具有显著的潜力，为高效提取生物碱提供了一种可行的技术途径。

（4）在挥发油提取中的应用

一些研究者在提取大蒜中的挥发油时比较了超声提取法、水蒸馏提取法和微波法这三种方法，结果表明，超声法最具优势，这种方法既能减少对热敏性物质的破坏，也易于工业化。这突显了超声波技术在挥发油提取领域的有益作用，为提高提取效率、保留挥发油的活性成分提供了一种有效途径。

4.3 微波辅助提取技术

1975年，AbuSanra利用微波进行酸消化，自那时起，微波能量便开始在分析实验室中作为一种重要的热源得到应用。1986年，Ganzler等利用微波进行溶剂提取，他们在从土壤、食物以及种子中提取各类化合物时，尝试了微波辅助提取技术：将样品及溶剂用微波加热30s后，将容器浸入冰浴冷却2～5min，然后再进行微波加热，如此循环重复5次，以获取最佳的萃取效率。这种方法被称为微波提取法，又被称为微波辅助提取（Microwave Assisted Extraction，MAE）[21]。实验室中使用的微波萃取装置如图4-4所示。

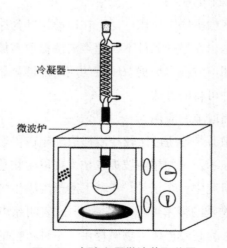

图4-4　实验室用微波萃取装置

4.3.1 微波辅助提取技术的原理

微波是指频率在300MHz到300GHz范围内的电磁波，其穿透能力强且具有出色的加热特性。微波的穿透深度与波长是同量级的，例如，频率为300MHz的微波，其波长为100cm，频率为300GHz的微波，其波长为0.1cm。利用微波加热时，微波能够穿透物质，实现对物质内外的同步加热。微波辅助提取技术基于微波的热特性发展而来，介质在微波场中的偶极子转向极化和界面极化，其时间与微波频率相一致，微波加热正是利用介质的这一特性，激发其热运动，从而实现电能向热能的高效转化。通过微波加热可以破坏细胞壁，令细胞膜中所含的酶失活，进而使得细胞中的有效成分易于穿透细胞壁及细胞膜被提取出来。

在相同微波的作用下，不同物料对微波的吸收能力不同，会造成待提取物料中的某些部位或提取体系中的某些成分受到选择性加热，造成物料内部形成能量差（或势能差），有效成分获得充足的动力后，便能与物料或体系分离。

溶质和溶剂的极性越大（表4-2），微波提取的效率就越高。微波加热时分子的偶极转动有利于氢键的断裂。高黏度的介质阻碍分子的转动，会在一定程度上降低这种作用。

表4-2 一些常用试剂的介电常数和偶极距

溶剂	介电常数（20℃）	偶极距（25℃）（Debye）
己烷	1.89	<0.1
甲苯	2.4	0.36
二氯甲烷	8.9	1.14
丙酮	20.7	2.69
乙醇	24.3	1.69
甲醇	32.6	2.87
水	78.5	1.87

同时，由于离子的迁移，溶剂向基质的扩散能力大幅提高，这一过程有助于加速待提取成分从基质中释放并传递到溶剂中。离子的活跃运动使得基质与溶剂之间的相互作用更为密切，有利于有效物质的传输和提取。在溶液中，电场还能引起离子的流动，当离子流动受到阻碍时，将会产生摩擦并释放热量。这一现象的发生与溶液中离子的大小和所带电荷有关。这种电场引起的离子流动现象，使提取过程更为迅速、高效。

溶剂、基质自身的特性会对微波辅助提取技术产生关键性影响。该技术所用的溶剂极性覆盖范围较广，从庚烷到水皆可作为溶剂。需要注意的是，选用的溶剂需要有良好的介电常数和微波吸收能力。有时，基质也会随微波发生反应，但是由于溶剂的介电常数较低，所以基质周围的温度会随之降低。某些腺体或维管组织内的极性分子同微波作用，局部加热会使细胞发生膨胀、细胞壁破裂，从而使基质中的有效成分向溶剂中扩散。进行微波提取时，若样品中含有水分则可以出现局部过热的现象，有助于提取物进入所处溶剂中，因而，样品中含有一定量的水分是必要的。

4.3.2　影响微波辅助提取的因素

（1）提取溶剂

选用何种提取溶剂对提取效果有很大的影响。在微波辅助提取中，所用溶剂应注意以下几点：第一，溶剂必须具有极性，这样才能有效地吸收微波能量，达到内外同时加热的目的；第二，待提取的活性成分在溶剂中的溶解性较强；第三，考虑溶剂的沸点以及对后续步骤的影响。

（2）提取时间

相关研究表明，微波提取时间与样品用量、溶剂体积及加热功率等因素相关。通常来说，提取时间为10~100min，当然，提取的物料不同，相应的最佳提取时间也就不同。通常情况下，微波作用的时间越长，得到的提取率就越高，不过也不能一味地延长微波作用时间，很可能会导致溶液沸腾，溶剂大量损耗，从而影响提取效率。

（3）微波的功率

通常情况下，在一定的时间内，微波功率越大，得到的提取效果越好。

（4）物料的性质

物料本身的特点对提取效果也会造成一定的影响，若有效成分的所在部位不含水，则不能利用微波提取。以微波辅助提取银杏叶中的黄酮为例，提取液中所含黄酮的量较少，叶绿素的含量较多，这可能是由于黄酮存在于较难破裂的叶肉细胞中。为了提高有效成分的提取率，需对物料采取粉碎等预处理措施，使溶剂与物料间的接触更加充分。

4.3.3　微波辅助提取的特点

微波辅助提取是一种基于传统溶剂浸提法的原理而形成的现代提取技术，极具应用前景。该技术弥补了传统提取技术的许多不足之处，相对于超临界流体萃取、超声波辅助提取等，其应用范围更大，设备投入更少，已成为世界上天然产物提取领域的研究热点。在天然产物提取中使用微波技术具有以下优点。

（1）提取效率高

微波加热是一种选择性加热的方式，因为水分和有机溶剂对微波具有较好的吸收能力。在这个过程中，微波能够使植物细胞内的水分或有机溶剂快速地升温和升压，导致植物细胞壁和细胞膜迅速破裂。这一过程使得提取溶剂能够迅速渗透到细胞内，将其中的有效成分溶解出来。这项技术突破了传统提取方法，不再依赖于有效成分通过细胞壁半透膜的方式，使提取效率大幅提高。相较于传统技术，用微波提取能够在更短的时间内完成提取过程，传统技术可能需要提取2~3次才能达到完全提取的效果，而微波提取则能够一次性完成，显著提高了提取效率。

（2）提取时间短

在微波辅助提取过程中，利用快速振荡的微波电磁场使物料中的极性物质分子吸收电磁能，从而达到快速加热物料，缩短操作时间的目的。进行微波辅助提取数秒至数分钟所取得的提取结果，通过热提取、索氏提取可能需进行几小时至十几个小时。

（3）选择性好

在微波辅助提取过程中，对物料的各种组织进行选择性加热，可以将目标成分直接从物料中溶解出来，有助于保证产品的质量。一个提取过程能够使用两种或更多的提取溶剂，提取出需要的成分，有效减少了生产成本。

（4）能耗低

通过微波加热，介质分子吸收微波能量并将其转化为热能。微波能量直接作用于被加热物料，而空气和容器对微波的吸收和反射相对较小。这不仅使能量传递更为迅速，而且使能量被利用得更加充分。

（5）设备简单，操作方便

与超临界流体萃取技术相比，MAE具有设备简单、操作方便的优点。目前，MAE大多在家用微波炉中进行，其成本低廉、体积小、适合实验室使用。

（6）提高有效成分的稳定性

利用微波快速加热技术，能够使细胞中一些降解活性物质的酶失活，避免物料中的活性物质在提取过程中被损耗。微波辅助提取具有用时短、快速等优势，这样可以在提取天然产物的过程中更好地保护有效成分。

（7）与其他提取技术的比较

与传统煎煮法相比，MAE具有产品收率高、萃取时间短、杂质少等优点，同时还能解决物料细粉容易团聚、易焦化的缺点。与超声波法相比，MAE的提取率高，重复性好。

与索氏提取、搅拌萃取相比，用时短、提取效率高、消耗的溶剂少、重现性好；与溶剂回流提取法相比，具有较高的选择性；与水蒸气蒸馏法相比，提取效率高、能耗低、用时短；与传统的煎煮方法相比，微波加热具有产品收率高、萃取时间短、杂质低等优点，同时还能解决中药细粉容易团聚、易结焦的缺点。结果表明，该方法提取率高，重复性好。

利用微波技术对细胞中热稳定性较好的物质进行分离提取，表现出了穿透性强、选择性好、加热效率高等优点，在分析过程中操作简单、快速、高效，并且用于实际生产时有安全、节能的效果，尽管如此，该方法仍存在一些不足之处。

（1）富含挥发性或热敏性成分的物料不宜采用微波提取

针对蛋白质、多肽、酶等热稳定性较差的有效成分，在微波辐射下，会发生变性或失活，而采用微波技术在短时间内对物料进行高温加热，可以使细胞含有的一些降解活性成分的酶失活，从而避免有效成分在提取过程中发生损耗，因此，在提取过程中必须严格控制提取时间。同时，对于那些含有丰富淀粉或者树胶的植物，在微波条件下，很容易发生变形、糊化，堵塞孔道，从而影响细胞内有效成分的溶出。

（2）微波处理有一定的选择性

在微波提取过程中，对物料的吸水性能提出了更高的要求，这主要是因为在微波加热时，含水量较多的部分会被优先破裂，含水量较少的部分则会推迟，甚至不会破裂，导致有效成分不能溶出。当待提取的有效成分没有分布在含水量较多的部位，便不能利用微波处理。所以，对于水分含量少的物料，通常都是通过加湿的方式来实现对微波的有效吸收。

（3）提取介质的极性对提取效果也有很大的影响

在操作过程中应尽量选择对微波透明或半透明（介电常数较小）的介质作为萃取剂，同时要求溶剂对于目标组分有较强的溶解能力，对于后续的操作干扰小。

（4）其他成分的干扰

当细胞结构破裂后，细胞中含有的其他成分也有可能溶于溶剂中。此时便需要调节微波的加热功率来避免上述问题，也可以借助其他技术进行提纯，如对微波提取到的成分进行柱色谱分离。

（5）受到微波发生功率的限制

在放大生产规模时存在一些工程问题，同时对人体，尤其对眼睛有影响，应用时需注意微波的泄漏和防护。

4.3.4 微波辅助提取法的类别

微波辅助提取法有多种类别，通常按照不同因素来划分。例如，根据操作压力的大小可分为常压提取法和高压提取法，根据提取溶剂状态可分为溶剂固定型提取法和溶剂流动型提取法。

在常压微波辅助提取法中，容器为开放式的，操作在常压下进行。提取容器的体积以及样品均不固定。至于提取溶剂的状态，它可以是固定的，也可以是流动的。

使用常压微波辅助提取法提取无花果多糖时，研究者运用单因素试验和正交试验设计，系统考察了微波功率、水料比等因素对无花果多糖提取率的影响。在一定条件下，多糖的提取率可达12.05%。

高压微波辅助提取法是在密闭提取罐中进行的，采用高压状态。在这种密闭和高压的环境中，被提取的样品能够更充分地与提取溶剂相互作用，促使有效成分更迅速地转移到提取溶剂中。这使得在更短的提取时间内，可以获得更高的提取效率。

高压微波辅助提取法提高了处理效率。然而，在提取结束后，提取液需要进行离心或过滤等操作，以分离固体残渣和提取液。这个步骤有助于获得更纯净的提取物，为后续的分析和研究提供更可靠的基础。

使用高压微波辅助提取法提取青稞β–葡聚糖时，通过单因素试验和正交试验设计，研究者综合考察了微波功率、微波时间、压力以及pH值等多个因素对青稞β–葡聚糖提取率的影响。通过系统的试验方案最终在特定条件下，成功获得了3.18%的β–葡聚糖提取率。

4.4 超高压提取技术

超高压提取技术（Ultra–High Pressure Extraction，UHPE）是近年来新兴的一种非热性提取技术，主要通过常温快速升压，使基质材料颗粒细胞在压力急剧变化下破裂，利用压力差促进溶剂在材料内部扩散并使成分溶解，进而提高活性成分在萃取试剂中的溶解度。UHPE因其具有提取时间短、低耗能、环保、操作简单、提取设备自动化程度高等优势，且提取温度低，不会对热敏性及小分子物质造成破坏，故在食品加工、天然有效成分提取以及工艺创新方面提供新的技术支持。

有学者采用超高压提取法对荔枝果皮中原花青素进行提取，采用四因素三水平的响应面分析法优化最佳工艺条件，提取效率有明显的提高。下面通过以下研究进一步阐述。

（1）UHPE用于提取五味子木脂素类

目前，UHPE在巴戟天、黄精、葛根、蓝莓和人参等药材有效成分提取方面有广泛应用，然而当前五味子的提取方式主要集中于超声提取法、回流法、渗漉法、索氏提取法、超临界CO_2流体萃取法和微波辅助萃取技术等。但值得注意的是，不同提取方法所得到的五味子总木脂素的提取率略有差异，目前采用微波辅助萃取法可使五味子木脂素类提取率达到1.894%，这与传统方式相比差异不大。

为有效提升五味子有效成分尤其是木脂素类的研究和应用，刘伟、张昊、李新殿等[22]将UHPE应用于五味子中木脂素类成分提取，通过不同提取溶剂及不同压力条件下，探究UHPE对五味子果实和藤茎中木脂素类成分含量的影响。

UHPE与超声相比，可有效提高果实和藤茎中木脂素类成分，但整体来看，UHPE对五味子果实的影响最为显著，其木脂素类成分提高50%以上，有效成分溶出提高13.49%，其原因可能与超高压采用的流体静压力，使溶质在溶液中扩散得更为均匀有关。五味子果实属于浆果类药材，五味子藤茎中也含较少量的内部流体，可以充当目标成分的传质动力，在一定范围内，随着静压力的加大，促进了木脂素类成分的流出。超高压技术已广泛用于黄酮类、皂苷类、多糖和生物碱等成分的高效提取，其有快速、高效、大分子物质溶出少、避免热效应导致结构改变等优势，是提取天然化合物的首选方法。

（2）UHPE用于提取油茶籽粕茶皂素

油茶是我国独有的一种油料树种，其产生的油茶籽粕中含有丰富的茶皂素。茶皂素属于五环三萜类皂苷，不仅在降低液体表面张力方面发挥着重要作用，还展现出多种生物活性，包括抗菌、杀虫、驱虫、抗高血压和抗癌等特性，因而在不同行业中得到广泛应用。

杨孝辉和郭君[23]采用超高压提取技术，系统考察了提取压力、提取时间、乙醇体积分数、料液比这四个因素对茶皂素提取得率的影响。通过应用响应面分析法，研究者深入探讨了超高压提取工艺中不同因素的相互作用，确定了最优的提取条件，在这一特定条件下，成功获得了19.87%的茶皂素平均提取得率。

4.5　离子液体提取技术

离子液体以其卓越的溶解性、高稳定性以及不易挥发的特性，成为传统有机溶剂的理想替代品。它能够有效提取天然产物，实现绿色、高效和环保的提取过程。作为一种新型的绿色溶剂，离子液体在天然产物提取中得到了广泛关注。

随着绿色化学的不断发展，新型绿色溶剂的研究备受关注，而离子液体则成为替代传统提取溶剂的研究热点之一。其符合可持续发展的原则，对环境友好，因此在绿色提取领域引起了广泛的研究兴趣。

4.5.1　离子液体的特性

离子液体（Ionic Liquid, IL）是一种由阴阳离子组成，黏度高、密度大，在室温或接近室温的温度下呈液态的物质。离子液体的黏度与氢键、范德华力和静电作用有很大关系，具体来说，烷基链越长、支链越多的离子液体具有更高的黏度。离子液体的密度主要受结构的影响，具体来说，阴离子的体积越大，密度越大；阳离子的体积越大，密度越小。离子液体具有良好的热稳定性、高选择性、低挥发性、可回收、较大的极性、优异的溶解性，在化工领域得到了广泛的认可。离子液体与传统有机溶剂的比较见表4-3。

表4-3　离子液体与传统有机溶剂的比较

被测指标	离子液体	传统有机溶剂	举例
液态范围	从低于或接近室温到300℃以上，热稳定性及化学稳定性极高	在常温常压下呈液态	—
挥发性	蒸汽压低，不易挥发，可避免对环境造成污染	具有较大的挥发性	如室温条件下，$[C_6MIM][Thr]$（1-己基-3-甲基咪唑苏氨酸盐）的蒸汽压为零；乙醇的蒸汽压为8.84kPa
电导率	电导率高，可作许多物质的电解液	电导率低，有一定的导电性	如室温条件（25℃）下，吡咯类离子液体$PY_{13}[FSI]$的电导率为8.2mS/cm；20%醋酸水溶液的电导率为1600μs/cm
结构	其结构可调，可设计出定向离子液体	结构不可调	—
溶解性	溶解能力极强，对绝大多数物质都表现出良好的溶解性	甲醇、乙醇等强亲水有机溶剂可以与水以任意比例互相混溶。其高浓度水溶液对脂溶性物质具有良好的溶解性	如羽毛绒在$CaCl_2/H_2O/C_2H_5OH$中的溶解度达49.5%，而在$[AMIM]Cl$（氯化1-烯丙基-3-甲基咪唑）中的溶解度为100%

另外，通过阴离子交换、氢键力或疏水性等相互作用，离子液体与目标化合物可在分析化学领域产生广泛应用，例如用于萃取和分离过程。许多创新应用都基于离子液体的独特性质而建立。

4.5.2 离子液体的分类及其萃取机制

4.5.2.1 离子液体的分类

离子液体有多种类型，通常按照不同因素来划分。按照阳离子的类型，离子液体划分为吡啶类、咪唑类、季铵类和季磷类等，其结构如图4-5所示。按照阴离子的类型，离子液体划分为B_4^-类、B_6^-类、CH_3COO^-类、HSO_4^-类、OH_4^-类、Br^-类等。这里需要注意的是，离子液体中的阴离子构成对其溶解度起着至关重要的作用。通常，当阴离子构成为B_4^-时，其溶解度就高，且随着烷基碳链的增加，其溶解度也随之提高；当阴离子构成为B_6^-时，则因为它与水难以形成氢键，所以具有疏水性。

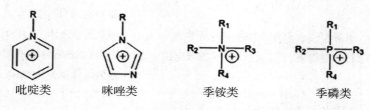

吡啶类　　　　咪唑类　　　　季铵类　　　　季磷类

图4-5　离子液体的分类

4.5.2.2 离子液体提取天然产物的机制

离子液体提取天然产物的机制可从以下两方面加以阐述。

首先，离子液体通过与目标提取物的个别基团发生各种分子间作用力，如疏水作用、偶极相互作用、氢键作用和静电作用等，可以使目标提取物在离子液体中的溶解度得以提高，从而使对目标物的提取更加高效。其次，疏水性离子液体可通过调整其阴阳离子组成，使其疏水性能发生变化，同时使目标提取物能够更有效地溶解。另外，采用微波、超声波等方法辅助离子液体，可进一步增强其提取分离效果。

4.5.3 离子液体提取技术的类别

近年来，离子液体提取技术在天然产物领域的应用越来越受到关注，本节主要阐述了以下几种离子液体提取技术。

4.5.3.1 微波辅助离子液体萃取

微波辅助萃取（Microwave Assisted Extraction，MAE）是将微波场作用于目标化合物的提取过程中（或提取的前处理），借助微波场的特性实现对有效成分的高效萃取。一般而言，溶剂与溶质的极性愈大，则其吸波能力愈强，提取过程中的温度愈高，其提取率愈高。微波辅助萃取具有加热均匀、热效率高的特点，而微波场中的离子液体具有优良的吸附与热量转化特性，因而，该方法有利于实现天然产物的高效提取。

通过对离子液体结构与性能的深入研究，进一步拓展了离子液体在生物医学领域的应用范围。近年来，离子液体在药学研究中得到了广泛的应用，并显示出了其独特的优越性。离子液体，尤其是新型手性离子液体，能够高效催化多种化学反应，大幅提升反应的产率与选择性，在天然产物的萃取与分离领域展现出巨大的潜力。因此，通过设计合成新型功能化离子液体（IL），可以解决其在应用过程中出现的众多问题。将这些新型IL与多种萃取分离方法联合运用，可以开发出新型的萃取分离技术，有利于进一步对天然产物进行开发和利用。

多年以来，中外众多学者专注于微波辅助离子液体萃取技术的研究。例如，贾晓丽等[24]使用此技术在沙棘叶粉末中提取出总黄酮，闫平等[25]使用此技术在光果甘草中提取出光果甘草黄酮，且取得了较高的平均提取率。

微波辅助离子液体提取天然产物的方法消耗溶剂少，提取时间短，提取率更高，具有快捷、高效的优点。

4.5.3.2 超声波辅助离子液体萃取

超声波辅助萃取方法利用超声波的物理效应，在液体中形成许多细小的气泡并破坏植物细胞的细胞壁，从而加快提取物的渗透速度。

茶多酚是茶叶中的一类多酚，在延缓衰老、抑制心脑血管疾病和抗菌等方面具有天然优势。万常等[26]在从普洱茶中提取茶多酚时，采用了超声波辅助离子液体萃取法，取得了显著效果。研究结果表明，相较于以乙醇为溶剂的传统提取法，采用超声波辅助离子液体法的茶多酚提取率提高了4倍。

《神农本草经》中提到，黄芩是一种中草药。黄芩对支气管炎、肺炎、胎动不安等病症均有一定的疗效。郝翠等[27]利用离子液体[BMIM]I（1–丁基–3–甲基咪唑碘盐）成功从黄芩中提取出黄酮和苷元类化合物。在特定的情况下，有效成分的提取率提高了8.9%，所用时间缩短了165min，且提取物具有出色的抗炎活性。

Huang等[28]将超声波与离子液体相结合，经过深入研究后开发出对芦丁具有高度选择性的离子液体。此外，该研究对离子液体的生物相容性和可降解性进行了评价，研究结果表明该离子液体是一种低毒、易生物降解的新型有机溶剂，是提取天然产物的理想选择。

超声波辅助离子液体萃取法具有多种优点，如提取速度快、所需温度低、提取液中杂质较少等。通过超声波辅助离子液体萃取法所得的提取物具有良好的生物活性，适合对热敏性物质进行高效提取。

4.5.3.3 离子液体辅助水蒸气蒸馏

水蒸气蒸馏法是通过将物料与水混合，然后加热蒸发，待二者变为气体后，再进行冷凝，从而达到分离和纯化的目的。这是一种操作简单、工艺成熟的提取技术，但仅适用于提取挥发性成分。

一些离子液体能够破坏植物细胞的细胞壁，促使植物中的有效成分渗出，从而对其进行提取。同时，离子液体还具有多种优点，例如蒸汽压低、不易挥发、热稳定性好等，因此离子液体可以与水蒸气蒸馏法联合使用，以达到更为优越的提取效果。

柠檬精油能够起到一定的抗菌、调节免疫力、抗氧化、平衡醒脑等作用，而且其清新的香气还使其成为一种理想的食品调味剂，为食物带来独特的风味。其多功能性质使得柠檬精油在保健、美容和烹饪等领域中广泛受到追捧。崔丽佼等[29]尝试从柠檬皮中提取柠檬精油，共使用了[EMIM]BF$_4$、[BMIM]BF$_4$、[OMIM]BF$_4$三种离子液体，其中[EMIM]BF$_4$离子液体的效果最好，与单独使用水蒸气蒸馏相比，离子液体辅助水蒸气蒸馏法的提取率提高了约4.6倍。

4.5.3.4　离子液体双水相萃取

离子液体双水相萃取技术是利用离子液体、水和无机盐[常用的有KH$_2$PO$_4$、(NH$_4$)$_2$SO$_4$等]形成的离子液体双水相体系，依据不同物质在两相中分配系数的差异实现分离的效果。相比于传统的聚合物双水相体系，离子液体更容易与待提取的成分分子形成氢键，提高了对有效成分的选择性。同时，这一体系具备多种优势，如挥发性低、黏度低、不易乳化、萃取效率高等，这使其在高效提取天然活性物质方面表现更加突出。

柠檬苦素是一种萜类化合物，主要存在于柠檬籽中。柠檬苦素在医学上具有诸多功效，例如抗氧化、提高免疫力、抑制癌细胞等。汪开拓等[30]学者采用四种离子液体–无机盐双水相体系（[BMG][BF$_4$]/KH$_2$PO$_4$、[PHMG][PF$_6$]/KH$_2$PO$_4$、[TMG][Br]/NaH$_2$PO$_4$和[TMG][Cl]/NaH$_2$PO$_4$）从柠檬籽中成功提取出柠檬苦素，取得了较好的提取效果，其中，使用1.5mol/L[TMG][Cl]/1.35mol/L NaH$_2$PO$_4$的双水相体系的提取效果好于传统的双水相体系。

作为一种常见的中药，五味子具有杀菌消炎、益气生津、补肾宁心等多重功效。其主要活性成分为木脂素类化合物，具有抗菌能力和抗肿瘤作用。李琼婕等[31]采用[C$_4$mim]BF$_4$/MgSO$_4$双水相体系从五味子中成功提取出木脂素类化合物，与传统的热回流法和超声波提取法相比，这种方法耗时更短，提取率更好，且操作更便捷。

4.5.3.5　固定化离子液体萃取

固定化离子液体是一种新型材料，其在分析化学、生物技术和环境监测等领域展现了出色的应用潜力。它通过将离子液体固定在固体载体上，形成具有高度稳定性和可重复使用性的结构，从而克服了离子液体在实际应用中的一些局限性。这种固定化的特性赋予了离子液体更广泛的适用性和更长久的使用寿命。这种材料的出现使解决离子液体残留的问题成为可能。

李刚等[32]学者在提取穗花杉双黄酮时，研究了多种固定化离子液体的吸附和分离效果。研究结果显示，$SiO_2 \cdot Im^+ \cdot Cl^-$固定化离子液体表现最优。

利用离子液体提取天然产物具有多重优势，首先，其在提取过程中几乎不产生挥发性有机化合物，从而降低了环境污染的风险。其次，离子液体的优异溶解性能和选择性溶解特性使其能够高效提取目标物质，实现对混合物的精准分离，提高了提取的纯度和产率。

值得注意的是，离子液体在提取过程中可被回收和重复使用，有效降低了溶剂的消耗，符合可持续发展的理念。因此，离子液体作为一种创新的提取溶剂，正在为天然产物的绿色提取和可持续生产提供一种可行且环保的解决方案。

4.6　酶辅助提取技术

酶辅助提取技术是借助酶进行提取的一种方法，广泛应用于生物学、食品工业、药物研发等领域。这一方法通过酶的选择性作用，能够有效地分解细胞壁、膜脂、蛋白质等生物大分子，从而释放目标物质。常用的酶包括纤维素酶、半纤维素酶、果胶酶等。酶辅助提取技术不仅提取效率高，而且工艺简单。在一项比较研究中，学者分别采用了四种方法（热水提取、酶辅助提取、超声辅助提取和超声酶辅助）对绞股蓝多糖进行提取，经比较，酶辅助提取和超声酶辅助提取表现最优，均能显著提高目标提取物的提取量。

4.6.1　酶辅助提取技术的特点

酶辅助提取技术是将酶与传统提取技术相结合，在传统的天然产物提取技术中引入适当的生物酶。具体过程包括在生物酶的催化下，植物细胞壁和细胞间质中的纤维素、半纤维素和果胶等成分发生降解，导致出现局部疏松、膨胀和坍塌等现象。这显著提高了细胞壁和细胞间质等部位的通透性，有效促使天然产物透过细胞壁向提取液中扩散，提高有效成分的溶出率。酶辅助提取技术的特点如下。

（1）反应条件温和，提取物稳定性高。生物酶具有专一性和高选择性，利用这一特点，酶辅助提取法既能有效地控制底物以外物质的影响，又能最大限度地保持提取物的生物活性。反应条件温和的特点使其在对一些耐热性不佳的成分进行提取时，显示出明显的优势。

（2）节能省时环保，生产成本低廉。添加生物酶可以有效降低溶剂提取过程中的传质阻力，加速活性成分的释放速度，缩短提取时间，显著提高提取率，从而明显降低天然产物的生产成本；同时，有机溶剂的使用量相应减少，降低对环境的影响，从而满足环保的要求。

（3）工艺简便，对工艺设备要求低。这种方法工艺简便，只需在原有的工艺设备上增加一个工作单元即可，整个反应过程对设备要求低，一般无须更新原有设备。

4.6.2　常用生物酶

生物酶具有专一性和高选择性，且对物料组分的降解作用也各不相同，因此，生物酶的选择对萃取效率具有重要影响。迄今为止，研究学者主要根据植物细胞自身的特点选择一种或多种生物酶进行萃取。

纤维素酶能够降解植物细胞壁中的纤维素，使被提取物快速溶出。

果胶酶可以降解植物细胞间的果胶成分。果胶是一种在植物细胞壁中常见的多糖物质，被破坏后，细胞可被分离出来。果胶酶分为多种，主要包括原果胶酶、果胶裂解酶和果胶酯酶等，广泛应用于食品工业、植物生长和其他生物过程等领域。

蛋白酶是一类能够水解蛋白质分子内肽键的酶类，它们在生物体内起着关键的生物化学作用。目前，天然产物提取中所用生物酶主要为木瓜蛋白酶。

4.6.3　酶辅助提取技术的类别

酶辅助提取技术是在传统提取技术或现代提取技术的基础上加入合适的酶以实现酶解操作，其工艺流程包括原料干燥、粉碎、酶解、传统方式提取/现代方式提取、过滤、纯化。

4.6.3.1　酶辅助传统溶剂提取

酶辅助传统溶剂提取技术是一种将酶类与传统有机溶剂相结合的方法，旨在提高天然产物提取的效率和选择性。这种技术结合了酶的特异性催化和传统有机溶剂的溶解能力，从而在提取过程中取得更好的效果。例如，刘长姣等[33]采用了多种方法对人参总皂苷进行提取，研究结果表明，在这些方法中，纤维素酶-乙醇结合法能够获得更高的提取率（为2.73%）。在另一研究中，李凤艳等[34]借助复合酶（纤维素酶：果胶酶：半纤维素=2：3：1），显著提高了银杏叶黄酮的提取率，提取率提高了36.6%。

4.6.3.2 酶辅助超声提取

超声波所具有的空化作用和机械作用可显著增强植物细胞结构破坏的效率、促进天然产物的释放，从而达到提高天然产物溶出率的目的。该方法与生物酶联用，能够进一步缩短天然产物的提取时间、提高提取率、节约溶剂用量、有助于环境保护，因而得到了广泛关注。王柏强等[35]的研究中，通过在杜仲叶中加入纤维素酶，采用45℃、pH为5.0的条件下酶解，随后进行超声提取（5℃，600W）25min，实现了对杜仲叶总黄酮的高效提取，提取率达到了3.80%。

4.6.3.3 酶辅助微波提取

微波辅助提取有一系列优点，如快速高效、节约溶剂、选择性好，与生物酶法相结合，细胞壁和细胞间质结构被打开，天然产物更易于扩散，这就使得酶辅助微波提取法具有高选择性、高效率、低能耗和低污染的特点，具有广阔的应用前景。薛俊礼等[36]在五味子中加入复合酶（纤维素酶：木瓜蛋白酶：果胶酶=1：2：2），于58℃、pH为4.0的条件下酶解72min，再微波提取10min，北五味子多糖的提取率可达14.87%，此方法的多糖提取率高于超声波辅助纤维素酶法和热水回流法，还缩短了提取时间，减少了能源消耗，为实现北五味子多糖的规模化生产奠定了坚实的基础。王慧芳等[37]在文冠果叶中加入纤维素酶（用量为0.20%），于55℃、pH为4.5的条件下水浴酶解60min，再加入20倍体积的70%乙醇，微波提取（600W）6min，文冠果叶总黄酮的提取率可达9.90%。

4.7　半仿生提取技术

4.7.1　概念与特点

半仿生提取（Semi-Bionic Extraction，SBE）技术是由张兆旺和孙秀梅等基于中药药效物质部分已知、大部分未知的实际情况，从生物药剂学的视角入手，并在分子药物研究法中融入整体药物研究法，所提出的用于中药及其复方的提取技术。在此方法中模拟了口服药物在胃肠道中所处的环境，使用与胃肠道pH接近的酸性或碱性提取液，按一定顺序连续提取含指标成分高的活性成分。

SBE技术一方面反映出中医临床用药的综合作用方式，另一方面与口服药物被胃肠道转运吸收的具体规律相吻合。在提取过程中，此工艺不使用乙醇，能够提取出更多的活性物质，不会出现活性物质大量损失的情况，生产周期大大缩短，生产成本得到控制。同时，还能通过对一种或多种指标成分的含量加以控制，从而提高制剂的质量，这为中药复方成分提取开辟了新的思路和方法。

4.7.2　半仿生提取技术原理

SBE技术只可以实现"半仿生"，这与必须结合工业化生产实际有很大的关系，不能与人体内部环境完全一致。

SBE技术是在大气压下进行的，并且温度与体温相差较多；在胃肠道内存在着许多与细菌相互作用的酶，而SBE技术并不再加入酶，这是由于进行煎煮的过程中，酶会失去活性。本技术利用酸性溶液和碱性溶液模拟胃肠道环境，连续提取口服药物，旨在获取含有目标成分浓度较高的"活性混合物"。

目前，许多中药及其复方的化学成分仍存在未明确的情况。SBE技术采用"灰思维方式"，能够更全面地考量中药复方的复杂性。这种技术从生物药剂学的角度模拟口服给药和药物在胃肠道输送的过程，用于中药制剂的提取。SBE技术的工艺参数设置同时兼顾了单体成分和"活性混合成分"，为中药制剂的质量控制提供了更为全面和精准的工艺参数。中药复方作为一个多元、复杂的系统，包含了众多的化学成分，因此采用单一成分的药效难以全面表征中药或复方的整体特性。设置SBE技术的工艺参数时，需以单体成分、总浸出物、不同极性部分和（或）主要药理作用为具体指标，然后根据指标对工艺过程的重要程度，赋予不同的加权系数，通过标准化处理和加权求和，得到结果作为特征值，建立回归方程，从而确定SBE技术的最优工艺参数。SBE技术在设定的工艺参数下获得的提取物被定义为"活性混合物"，包括配位络合物和分子络合物单体。该方法不仅能够充分发挥混合物成分的综合效应，同时还具备通过单体成分对制剂质量进行适当控制的优势。

发展至今，SBE技术依旧采用过去的高温煎煮方式，这极易对多种有效活性成分造成干扰，导致其药效减弱。因此，有研究人员提出令提取温度与人体温度接近，并在提取液中添加与人体消化酶类似的活性成分，从而使提取过程与药物在人体胃肠道的输送、吸收过程更加相似。

范保瑞等[38]采用半仿生学方法提取了夏枯草中两种三萜酸化合物——齐墩果酸、熊果酸，并将其与传统的乙醇提取法对比。通过高效毛细管电泳法分析可知，提取液中熊果酸和齐墩果酸的分离效果较好，其精密度、重复性和加样回收率均满足要求。利用半仿生法乙醇提取熊果酸和齐墩果酸的量分别是传统乙醇提取法的1.17倍和1.39倍。

4.8　其他提取技术

闪式提取法（又叫作闪提法）是一种新型的提取技术，主要是基于组织破碎提取原理，借助高速切割振动搅拌的剪切力把物料在较短的时间内破碎至细小的微粒，并通过负压条件下的渗滤实现高效提取天然产物的效果。闪式提取法具有提取时间短、效率高、溶剂用量少、活性成分损失小等优势。该方法比传统的提取方法所产生的能耗少，能有效控制生产成本。

闪式提取器的构成较简单，包括主机、刀头和控制器。闪式提取器不仅操作、清洗简便，而且维护方便。

闪式提取法的不断完善是通过对闪式提取器的改进得以实现的。2006年，509提取量实验型设备（功率1800W）问世，之后又研发了209提取量分析型设备（功率800W），此设备主要用于实验室。之后又推出了中试规模的设备（功率5.4kW），此设备的提取量达10kg。发展到现在，研究人员又开发了一套多级闪提逆流萃取设备，能够连续进行闪式提取，达到了大规模生产的要求。这些设备都为闪式提取法的进一步研究和应用奠定了坚实的基础。

靳雅楠等[39]使用闪式提取法提取山茱萸黄酮，并对其提取工艺加以优化。结果在料液比例为1∶15、提取初始温度60℃、提取电压160V、提取次数2次（一次为5min）的提取条件下，山茱萸黄酮提取量为23.01mg/g。从中不难得出，优化闪式提取法的工艺条件可以明显提升天然产物的提取量。

第5章　天然产物现代分离方法与技术

　　天然活性物质是一种广泛存在于动植物及海洋生物体内的生物因子，根据结构及功能差异，主要可分为多酚类、黄酮类和生物碱类等，大多数天然活性物质拥有调节血糖血脂、抑制肿瘤生长、抗氧化等多种生理功效，在食品、医疗领域具有较高价值。目前，针对天然活性物质的分离方法主要包括溶剂提取法、沉淀法和结晶法等传统分离方法，以及大孔吸附树脂法、超临界流体萃取法、高速逆流色谱法、分子印迹法等新兴分离方法。本章主要对超临界流体色谱法、制备型色谱分离技术、高速逆流色谱分离技术、pH区带逆流色谱分离技术、分子蒸馏技术、分子印迹技术、膜分离技术等加以重点叙述。

5.1 超临界流体色谱法

超临界流体色谱（Supercritical Fluid Chromatography，SFC）是为了扩宽高效液相色谱（HPLC）的应用范围而发展起来的一种绿色环保高效的柱色谱技术。CO$_2$是最常用的流动相，可以与不同极性的有机溶剂混匀。流动相兼容的特点决定了固定相种类的丰富性，几乎液相色谱上所有的固定相都可以应用在SFC上，有效拓宽了分析物的极性范围，使得SFC在制药、食品、环境以及天然产物等多个领域发挥重要作用。其中天然产物的分离分析是科研领域有挑战的方向之一，因为成分复杂且大多数含量甚微，需要更加优异的色谱技术来解决分离和定量困难的问题。得益于仪器的进步，SFC的优势逐渐显现，利用SFC分离天然产物的趋势也在日益增强。本节从超临界流体的特殊性质及SFC的发展过程等方面介绍了SFC的研究进展，并综述了SFC固定相在过去10年的发展以及在天然产物中的应用，以期增加科研人员对SFC的了解，促进SFC的发展。

5.1.1 概述

超临界流体色谱是使用超过临界温度和临界压力的流体作为流动相进行分析的一种色谱技术。

SFC采用超临界流体作为流动相，相对动力学性质介于气体和液体之间。扩散系数和黏度系数与气体近似，密度与液体近似，因此SFC综合了高溶解性和高扩散性的优势。从分离模式的角度分析，SFC与HPLC非常类似，流动相都发挥着重要作用，不仅体现在分析物会直接溶解于流动相中，还体现在流动相会与分析物竞争固定相表面，从而影响分析物与固定相之间的相互作用。但同HPLC所用的液体流动相比较，超临界流体的黏度低，扩散快，表面张力小，样品在SFC上的分离速度更快。超临界流体是高度可压缩的，流动相密度对分析物保留的影响很大。因此在SFC中，柱温和背压是调整分析物保留的重要参数。增加背压，流动相的密度会变大，溶解能力增强，保留时间缩短。柱温会带来双重的影响，一方面升高温度会降低流动相的密度，削弱溶解能力，延长保留时间；另一方面升高温度可增加分析物分子的能量，缩短保留时间。尽管可以通过调节溶剂密度来改变化合物的保留，但是并不能充分改变溶剂的极性。目前使用最多的超临界流体是CO_2，它的临界条件较温和（临界温度T_c=31℃，临界压力P_c=7.4MPa），更重要的是CO_2具有很好的互溶性，能够与强极性有机溶剂（甚至是微量水）混溶。这样的性质使得SFC流动相的极性范围得到了真正的改善，能够扩展至比正相色谱（NPLC）和反相色谱（RPLC）更宽的范围。除了上述独特的性质外，基于CO_2的流动相还可以兼容多种固定相。在HPLC中，根据色谱模式的不同，固定相的划分比较明确，如硅胶柱只适用于NPLC，而C18色谱柱只能应用于RPLC。但是在SFC中，色谱柱的极性范围可以从C18色谱柱逐渐过渡到硅胶柱。另外得益于商品化SFC仪器的发展，其稳定性、重复性和精密性显著提升，SFC逐渐成为主流的柱色谱技术之一，在多种分离场景下表现出超越HPLC的分离能力。

应用SFC分离样品时，首先要了解分析物的性质，一般认为可以溶于常见有机溶剂的化合物就可以通过SFC分析。为了科学严谨地表明能应用于SFC分析物的适用范围，将不同类型的化合物在SFC上的保留时间进行汇总，发现弱极性到中等极性的化合物更适合SFC的分析。根据分析物的极性以及分离要求，挑选出最有潜力的固定相进行后续实验。为了得到合适的保留时间和理想的选择性，一般需要加入助溶剂以及添加剂。常用的助溶剂包括甲醇、乙醇、异丙醇以及乙腈等，为了提高选择性，也会选择两种或多种常见的助溶剂混合使用。分析物的酸碱性会影响色谱峰的形状。一般来说，当分析物为酸性时，会选择添加甲酸、三氟乙酸等来改善峰形；当分析物为碱性时，会选择添加三乙胺、氨水等来改善峰形。有时为了增加流动相的极性以及改善分析物的峰形，会选择少量水作为添加剂。在实验操作中，也会通过调节背压、柱温等参数来获得更好的分离效果。

5.1.2 SFC对天然产物的分离

天然产物具有特定的活性骨架、活性基团以及优异的生物活性，为新药发现提供了许多新机会。据报道，与天然产物有关的化合物在商品药中占80%。植物是天然产物的重要来源，含有黄酮类、生物碱类、萜类等成分，这些成分是中药材发挥药效作用的重要物质基础。在中药材分离和纯化方面SFC具有明显的优势，SFC对几类中药材中重要的活性物质的分离情况总结如下。

5.1.2.1 脂类

脂类是中药中一类主要的化学成分，疏水酰基链和不同类型的亲水基团之间复杂的组合方式使得脂类的种类丰富，包括脂肪酸、酰基甘油、磷脂等。脂类是SFC发展初期主要的应用对象，也是目前为止在SFC上研究最多的一类化合物。早期的研究中一般使用超临界毛细管柱分析极性较弱的脂类。如Baiocchi等[40]在考察了多个色谱条件对分离的影响以及对比了几种不同极性的固定相后，建立了在5min内快速分离脂类的方法，并从植物油和鱼油中分离了13种三酰甘油。BorchJensen等[41]建立了一种利用DB-225极性毛细管柱分离蓖麻籽油和雨环菊种子油中几种游离脂肪酸的方法，并经过质谱鉴定，纯度为87%。随着超临界柱色谱技术的发展，SFC上可以分离的脂质的极性范围逐渐扩大。常用的色谱柱包括氰丙基柱、氨基柱、氰基柱、硅胶柱、C8柱和C18柱。探索脂类的分离规律时，研究人员发现了C18等反相柱在SFC模式下优异的分离效果，提高了对SFC分离机理的认知水平，并扩大了SFC色谱柱的范围。如Matsubara等[42]比较了类胡萝卜素及其环氧化产物在硅胶柱、苯基柱、C18柱和C30柱上的分离效果，发现在C18柱上得到了最佳的分离度和最短的分析时间。

Choo等[43]利用C18柱来分离棕榈油中的脂肪酸、生育酚、甘油三酯以及胡萝卜素等成分。Tyskiewicz等[44]利用C18柱对废鱼油中的脂溶性维生素进行了分离。虽然固定相是决定化合物选择性的主要因素，但是优化改性剂的种类也是有必要的。

最新的报道中，Kozlov等[45]对甘油异构体分离时发现了不同溶剂对选择性和峰形的影响，当改性剂为甲醇时，分离性能最优。

5.1.2.2 萜类

萜类及其衍生物是由戊二羟酸构成的具有异戊二烯结构特征的一类化合物，在自然界中广泛存在，具有抗氧化和抗菌的生物活性，以及抗炎和抗癌作用。萜类按其分子中异戊二烯的数量划分，可分为单萜、倍半萜、二萜、三萜和四萜等。然而，各种萜烯的结构密切相关，导致它们的分离变得很复杂。目前主流的分离方法以气相色谱为主，但是这种方法只限于分析水平，不适合大规模制备。而SFC有较好的对映体分离能力，同时又可以满足制备需求，正在逐渐成为分离萜类化合物的新主流色谱技术。常用来分析萜类的固定相包括C18柱、苯基己基柱、PFP柱、2-EP柱、硅胶柱和氨基柱等。一般选择甲醇作为改性剂，很少使用添加剂。Kohler等[46]开发了测定青蒿中2种倍半萜（青蒿素和青蒿酸）的超临界柱色谱和超临界毛细管色谱方法。利用氨基柱色谱分离青蒿素和青蒿酸的时间不超过8min，而超临界毛细管色谱的分离时间约为25min。与超临界毛细管色谱相比，超临界柱色谱技术具有更高的分析效率、更短的分析时间和更强的分辨能力。Lesellier等[47]首次尝试用SFC建立分析三萜类化合物的分离方法，并将该方法应用于苹果渣提取物的分离上，20min内分离了15种三萜类化合物，显示了该方法在三萜类化合物分离中的巨大潜力。另外，利用SFC-MS联用技术对萜类化合物进行高效分离并鉴定也是一个重要的方向。研究表明，采用SFC-MS对洋甘菊提取物中的倍半萜等成分进行分离和鉴定，同液相色谱方法相比，保留时间更短而且分离效果更好。

5.1.2.3 生物碱

生物碱是一类含氮的碱性有机化合物，大多数有复杂的氮环结构，具有显著的生物活性，是中草药重要的有效成分之一。分析生物碱常用到的色谱柱有PFP、PIC、2-EP、Torus1-AA以及Diol柱等，助溶剂的选择主要有甲醇、乙醇和乙腈。分析物中的氮原子与固定相中残存硅醇基之间的相互作用使得分离生物碱时存在严重的拖尾现象。为了获得正常的峰形，通常选择加入碱性添加剂，如氨水和三乙胺等。在阔叶十大功劳木不同部位测定了8种异喹啉生物碱的含量。经过系统的色谱条件优化，最终确定分析柱为PFP，助溶剂为甲醇，改性剂为氨水和少量的水。上述8种化合物在6min之内实现了完全分离，同HPLC的分析时间相比缩短了50min。研究表明，对钩藤中4种吲哚类生物碱异构体进行了分离和纯化，选择1-AA色谱柱，助溶剂为乙腈，添加剂为二乙胺，是快速分析和制备高纯度标准品的可行方案。然而分离生物碱时，也存在不加添加剂的情况，此时需要利用固定相表面的静电排斥作用来控制生物碱峰形。研究表明，分析雷公藤中的倍半萜吡啶类生物碱时，选择2-EP色谱柱、纯甲醇为改性剂也可以得到比较对称的色谱峰。另外，在分离10种异喹啉生物碱时，在SFC中使用低共熔溶剂作为添加剂，同常用的添加剂（甲酸和水）相比，低共熔溶剂可以显著地降低硅醇基的作用，改善生物碱的峰形。多维色谱联用的方式是解决复杂样品体系分离的重要手段，如辛华夏等[48]建立了基于反相液相制备色谱和超临界流体制备色谱的组合方法，用于分离纯化醇提水沉后石油醚层中的海风藤。基于两维色谱不同的选择性，从中分离出6种化合物，包括墙草碱等生物碱，显示出超临界流体色谱在天然产物的分析和制备方面的巨大潜力。

5.1.2.4　黄酮

黄酮类化合物在植物中含量丰富，具有抗氧化和抗炎作用，是药用植物中主要的活性成分。分析黄酮常用到的色谱柱包括硅胶柱、Diol柱、苯基柱、C18柱以及PIC柱。由于酚羟基的存在，黄酮一般在酸性条件下可以获得对称的峰形，常用的酸性添加剂包括甲酸、三氟乙酸以及磷酸。如Huang等[49]经过科学的色谱方法优化，在硅胶柱上采用梯度洗脱对12种黄酮类化合物进行分离。其中发现含0.1%磷酸的甲醇溶液是分离黄酮类化合物最合适的极性改性剂。与开发的HPLC相比，分析速度快3倍。当黄酮类化合物中不存在酚羟基时，酸性添加剂的加入不是必要的。研究表明，利用SFC分离橘皮素、褐皮素、橙皮素和柚皮素4种黄酮类化合物时，发现是否在改性剂中加入甲酸，对不同化合物的峰形影响不同。当存在酚羟基时，选择酸性添加剂有利于控制电离状态，从而得到更加对称的峰形。Gibitz-Eisath等[50]在分离马鞭草提取物中的8种黄酮类化合物时，对比了HPLC的分离方法，两种色谱模式都能在短时间内达到很好的分离效果，但是化合物的出峰顺序不一样。体现了两种色谱模式高度正交，突出了方法交叉验证在天然产物分析中的重要性，有利于发展多维色谱模式来分离复杂的天然产物。黄酮醇是一类具有药用价值的黄酮类化合物，刘志敏等[51]首次用SFC来分离3种极性黄酮醇异构体，表明超临界流体色谱法在黄酮类化合物的分析、分离制备等方面将有广阔的应用前景。

5.1.2.5　皂苷

皂苷由一个或多个亲水糖苷部分（葡萄糖、半乳糖、葡萄糖醛酸、木糖等）和一个皂苷元的亲脂苷元连接而成。根据皂苷元的性质，可分为三萜类和甾类。它们通常有重要的药理活性，如抗炎、抗过敏、免疫调节和抗病毒等。利用SFC分析皂苷的应用相对较少，因为皂苷的极性较强，在SFC上存在保留强洗脱难的问题。然而SFC固定相的发展以及多种改性剂的使用，逐渐解决了该问题。迄今为止，多个固定相如2-EP柱、苯基己基柱、氰基柱、Diol柱、C18柱、硅胶柱、PFP柱和苯基柱已被报道用于皂苷的分离。有研究者利用Torus Diol色谱柱建立了分离和定量分析柴胡皂苷的新方法。通过优化色谱条件，5种柴草皂苷在22min内成功分离。并将其与HPLC进行比较，发现SFC分离柴胡皂苷时具有分析时间短、分离效果好的显著优势，为皂苷的分离、定量提供了一种新的方法。由于皂苷的高极性，一般会在改性剂中加入少量水作为添加剂来提高流动相的洗脱强度。如Huang等[52]建立了一种快速高效的SFC-MS联用方法来分离苦藤皂苷、山楂皂苷和人参皂苷。在优化色谱方法的过程中，发现在甲醇中加入少量水（5%~10%）以及甲酸（0.05%）时，化合物的分离程度以及质谱灵敏度都会提高。且利用SFC建立的方法的分析时间是HPLC方法的1/2。超临界流体的密度也可以作为调节流动相洗脱强度的方法。如在采用离线二维SFC-HPLC方法分离三七药材中的三萜皂苷时，选择降低柱温和增加背压的方式可以提高洗脱强度、减少分析时间。

5.2 制备型色谱分离技术

加压液相色谱所用载体多为颗粒直径较小、机械强度及比表面积均大的球形硅胶微粒，如Zipax类薄壳型或表面多孔型硅球以及Zorbax类全多孔硅胶微球，其上键合不同基团以适应不同类型分离工作的需要，因而柱效大大提高。依所加压力不同，加压液相色谱分为快速色谱（flash chromatography，约2.02×10^5Pa）、低压液相色谱（LPLC，$<5.05 \times 10^5$Pa）、中压液相色谱（MPLC，$(5.05 \sim 20.2) \times 10^5$Pa）及高压液相色谱（HPLC，$>20.2 \times 10^5$Pa）等。所用仪器配以高灵敏度的检测器，以及自动描记、分部收集的装置，并用计算机进行色谱条件的设定及数据处理。故无论在分离效能还是在分离速度方面，加压液相色谱均远远超过了常压液相色谱，在天然药物分离工作中得到了越来越广泛的应用。

近年来国内外都有较多开发，如日本山善株式会社Hi-Flash中低压制备系列产品。E.Merek公司生产的Lobar柱系列产品，因分离规模较大、分离效果较好、分离速度较快、分离条件可由相应的TLC结果直接选出、操作方便，得到了广泛使用。预制色谱柱是由玻璃制成，规格分为A、B、C三种型号，预制色谱柱的填料有硅胶、RP-18、RP-8、NH_2—、CN—及diol键合相硅胶等。表5-1列出了各种规格色谱柱的尺寸及最大上样量。

表5-1　常用Lobar柱的型号及可能分离规模

规格	填充剂	长度（mm）	内径（mm）	外径（mm）	上柱可能试样量
A	LiChroprep Si60	240	10	13	~0.2g/0.3~1.0mL
A	LiChroprep RP-8	240	10	13	~0.2g
B	LiChroprep Si60	310	25	28	~1.0g/1.0~5.0mL
B	LiChroprep DIOL	310	25	28	~1.0g/1.0~5.0mL
B	LiChroprep RP-8	310	25	28	~1.0g
C	LiChroprep Si60	440	37	42	~3.0g/1.0~10.0mL
C	LiChroprep RP-8	440	37	42	~3.0g/1.0~10.0mL

　　Lobar柱可用于分离克级的样品，其分离效果有时可接近HPLC的分辨率，并可以反复使用。

　　与Lobar色谱分离系统相比，瑞士Büchi公司生产的全套的中压液相色谱装置包括各种规格的flash柱、中压色谱柱，柱体积大小可从130mL直至1880mL，可用于分离100mg~150g的样品。压力范围高达50bar，流速可高达250mL/min；该系统配有溶剂梯度形成装置，并可用紫外检测仪检测。各种加压液相色谱的分离规模如图5-1所示。

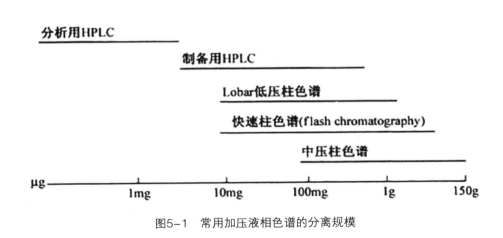

图5-1　常用加压液相色谱的分离规模

　　常见的Zorbax系列HPLC填充柱型号见表5-2所示，可根据需要选择使用。

表5-2　HPLC用Zorbax系列填充柱柱子名称

柱子名称	键合固定相组成	适用分离方式
Zorbax ODS	十八烷基组，—$C_{18}H_{37}$	反相
Zorbax C_8	辛基组，—C_4H_{17}	反相
Zorbax NH_2	胺基组，—NH_2	正相、反相、阴离子交换
Zorbax CN	氰基丙基组，—C_3H_7CN	反相、正相
Zorbax TMS	三甲基硅组，—$Si(CH_3)_3$	反相
Zorbax SAX	季铵组，—N^+R_3	阴离子交换
Zorbax SIL	氧化硅，—SiOH	吸附
Zorbax SCX-300	磺酸基组，—SO_3H	阳离子交换

5.3　高速逆流色谱分离技术

　　高速逆流色谱（High Speed Counter-Current Chromatography，HSCCC）是样品分离的一种崭新方法，分离后的样品与固体载体表面发生化学反应，可显著改善其变形和不可逆吸附条件，且不需要固态支撑体或载体的液-液分配技术。

　　有研究者首次将HSCCC运用到茶黄素的分离中，筛选出溶剂系统为甲醇-乙酸乙酯-水-正己烷（1∶3∶6∶1，V/V），分离得到TF和TF-3，3'-G两种茶黄素单体。杨子银等针对溶剂系统作进一步改进，并且考察了HSCCC分离纯化茶黄素，有无$NaHCO_3$是否会对分离结果产生影响，确定溶剂系统甲醇-乙酸乙酯-水-正己烷（1∶3∶6∶1，V/V）可分离得到没食子酸、咖啡碱、TF-3'-G、TFDG、TF-3'-G和TFDG的混合物、一种未知结构的化合物等茶叶中的多种物质[53]。有研究表明，使用溶剂系统甲醇-乙酸乙酯-正己烷-水-乙酸（体积比为1∶5∶1∶5∶0.25，V/V）可分离得到四种单体，确定最优工艺条件为：2mL/min流速、700r/min转速[54]。

5.4　pH区带逆流色谱分离技术

广西地不容（*Stephania kwangsiensis* Lo.）是广西特有植物，属于防己科千金藤，属多年生草质落叶藤本植物，主要分布于广西西北、西南部，生于石灰岩地区的山地灌丛，具有镇痛、抗炎、抑菌、抗病毒、杀虫、治疗阿尔茨海默病等作用。该植物药用部位为根块，是生产颅痛定的原材料，而地上部分也富含生物碱，其中的青藤碱、氧化青藤碱含量很高。为了提高广西地不容的整体利用率，创建一种快速高效地分离制备其非药用部位中生物碱的方法尤为必要。

高速逆流色谱是一种新型高效的液-液分配色谱技术，主要通过在2个互不相溶的上下相中的分配比的差异来实现分离，具有无柱污染、无不可逆吸附、进样量大、同一根逆流色谱柱既可用于分析又可用于制备等优点。pH区带精制逆流色谱法是在普通制备高速逆流色谱的基础上发展起来的特殊逆流色谱分离制备方法，特别适用于生物碱、有机酸的制备性分离，本节采用该方法对广西地不容非药用部位总生物碱进行分离制备，共得到2个高纯度化合物，以期为相关大规模生产提供参考。

5.4.1　材料

TBE-300C型pH区带精制逆流色谱仪（上海同田生物技术股份有限公司）；LC-20AT型高效液相色谱仪（日本岛津公司）；SP-MAX3500FL型荧光酶标仪（上海闪谱生物科技有限公司）。

阿卡波糖、曲酸、α-葡萄糖苷酶均购自上海源叶生物科技有限公司；酪氨酸酶购自上海麦克林生化科技有限公司。无水碳酸钠、二氯甲烷、正丁醇、甲醇均为分析纯，购于西陇化工股份有限公司。

5.4.2 方法

5.4.2.1 样品溶液制备

取干燥药材500g，粉碎后用95%乙醇回流提取3次，每次2h，合并提取液，减压浓缩至浸膏状态，溶于盐酸（pH=3）中，过滤得清液，氨水调节pH至10左右，二氯甲烷萃取，减压浓缩得到总生物碱8g，取1.60g至试管中，5mL三乙胺固定相溶解，即得。

5.4.2.2 溶剂体系制备

与通过HPLC法测定K值来确定溶剂系统比较，TLC法分析R_f值更方便快捷。本实验采用该方法确定二氯甲烷–甲醇–正丁醇–水（10：6：0.1：4）作为溶剂体系。

（1）正相置换分离模式。量取二氯甲烷850mL、甲醇510mL、正丁醇8.5mL、水340mL，置于分液漏斗中，室温下充分混合，静置分层，将上下相分别收集，上相加入10mmol/L三乙胺作固定相，下相加入10mmol/L盐酸为流动相，超声脱气20min，即得。

（2）反相置换分离模式。量取二氯甲烷900mL、甲醇540mL、正丁醇9mL、水360mL，置于分液漏斗中，室温下充分混合，静置分层，上下相分别收集，上相加入5mmol/L盐酸作为流动相，下相加入10mmol/L三乙胺作为固定相，超声脱气20min，即得。

5.4.2.3 分离与鉴定

（1）分离原理。pH区带逆流色谱是利用不同化合物之间解离常数、疏水性的差异来实现分离，待分离物流出以区带pH为顺序，而后者与前者pK_a值、疏水性相关。以分离生物碱（图5–2）为例，疏水性的该成分从洗脱酸中获得质子生成盐而溶于流动相中（位置④），流动相中盐与高pH值固定相界面接触（位置①），盐被保留碱夺去质子后生成疏水性的生物碱而溶于固定相中（位置②），此时保留碱边界向前推移，生物碱又与洗脱酸界面接触（位置③），疏水性的生物碱重新获得质子生成盐又溶入流动相中（位置④），不断地重复此循环过程，直到保留碱流出色谱柱为止。

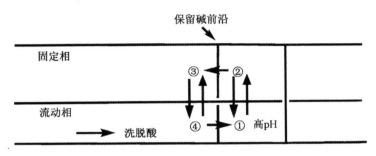

图5-2　pH区带精制逆流色谱分离原理图

（2）分离过程。

①反相置换模式。将下相以30mL/min体积流量泵入高速逆流主机中作为固定相，整个分离管被固定相充满后开启主机，缓慢调节主机转速达到850r/min并稳定后，将样品溶液注入进样环，以1.5r/min转速泵入流动相，开启紫外检测器、记录仪，在254nm波长处收集馏分，TLC合并并低温干燥，得到40~90min馏分、化合物2，色谱图见图5-3。

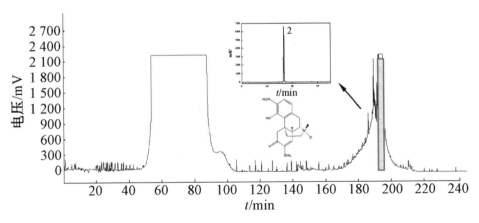

图5-3　N-氧化青藤碱pH区带精制逆流色谱图

②正相置换模式。HPLC分析显示，40~90min馏分为纯度较低的化合物，故调整洗脱酸浓度（加入10mmol/L盐酸），将上相设为固定相，下相设为流动相，从中分离得到化合物1，色谱图见图5-4。

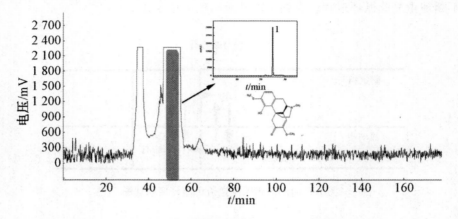

图5-4　青藤碱pH区带精制逆流色谱图

③HPLC分析条件。为了得到较好的峰形，实现基线分离，选择甲醇-0.1%三乙胺体系作为流动相。分析采用EclipseXDB-C，色谱柱（4.6mm×250mm，5μm）；体积流量1mL/min；柱温40℃；检测波长254nm。色谱图见图5-5至图5-7。

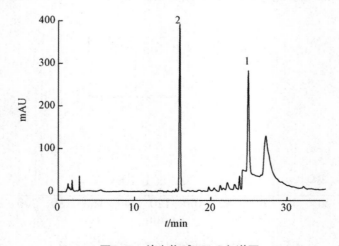

图5-5　总生物碱HPLC色谱图

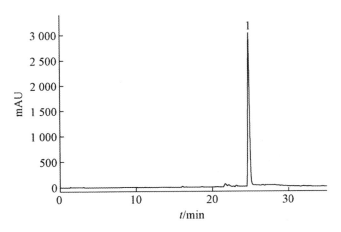

图5-6　青藤碱HPLC色谱图

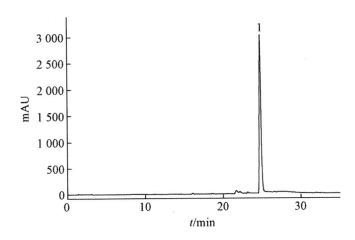

图5-7　N-氧化青藤碱HPLC色谱图

5.5　分子蒸馏技术

蒸馏是指利用混合液体中不同组分之间沸点的差异而进行的分离过程。分子蒸馏（Molecular Distillation）是一种在远低于化合物沸腾温度的真空条件下，通过蒸馏法分离化合物的方法，适用于具有热敏性和高相对分子质量的化合物的分离。

藻油中富含二十二碳六烯酸（DHA），为增加其含量，He等开发了一种结合使用1，3-特异性固定化脂肪酶进行乙醇分解和分子蒸馏，从而富集藻油中的DHA的方法。将含有45.94%DHA的藻油与乙醇混合后，泵入固定化脂肪酶（Lipozyme TLIM）填充的色谱柱，室温下循环4h，真空蒸馏回收乙醇。当蒸馏温度达到150℃时，残留物分离为3个组分，分别为富含DHA甘油酯的高相对分子质量组分[三酰甘油（TG）、二酰甘油（DG）和单酸甘油酯（MG）]、低相对分子质量组分[棕榈酸（PA）]和DHA乙酯（EE）。结果表明，76.55%藻油中的DHA主要存在于高相对分子质量组分中，其含量为70.27%。

5.6　分子印迹技术

5.6.1　分子印迹技术概论

5.6.1.1　基本原理

分子印迹技术是一种合成具有模板分子特异性识别位点聚合物的技术，

其本质是以给定目标分子为模板，针对其设计分子印迹聚合物（MIPs），从而实现特异性识别与纯化的过程。具体作用过程如图5-8所示。首先，根据模板分子特性选择与之互补的功能单体并使二者通过共价、非共价或金属配位等方式结合，形成模板-单体复合物；而后将功能单体与交联剂进行聚合，以产生固定形态，最后将模板-单体复合物中的模板分子进行洗脱，从而得到分子印迹聚合物。该聚合物内存在可以与模板分子发生多点位相互作用的空穴，在空间结构等方面与模板分子相匹配，从而实现对模板分子的特异性识别。根据模板分子与功能单体之间相互作用的类型，可将制备分子印迹聚合物的方法分为共价作用、非共价作用、半共价作用和金属配位作用等。

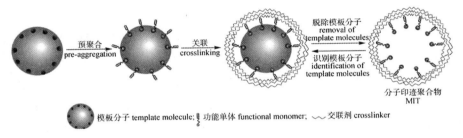

图5-8　分子印迹技术基本作用原理

5.6.1.2　分子印迹技术作用方式分类

（1）共价作用。共价作用法是由Wulff等创立发展起来的，主要印迹分子包括席夫碱、缩酮、硼酸酯等。该方法中，模板分子和功能单体以共价键形式连接并进一步交联聚合生成聚合物，随后在特定化学条件下打开共价键脱去模板分子生成分子印迹聚合物。该方法生成的模板-单体复合物十分稳定，具有分布均匀且强度较大的结合位点，但可供共价作用使用的可逆共价反应仅仅局限于少数化学反应，使得该方法具有较大局限性。

（2）非共价作用。非共价作用法与共价作用法的主要区别在于模板分子与功能单体结合过程中作用力的不同。非共价作用是指模板分子与功能单体之间主要通过氢键、静电相互作用、范德华力等非共价作用自组装形成模板–单体复合物，而后通过交联、洗脱得到分子印迹聚合物。相较于共价作用，该方法模板分子易洗脱，但特异性识别能力相对较弱。

（3）半共价作用。半共价作用法实质上是将共价作用与非共价作用相互结合而成的方法。模板分子与多种功能单体同时通过共价作用与非共价作用连接形成模板–单体复合物，经交联、洗脱得到分子印迹聚合物。该方法较共价作用与非共价作用更加简单便捷，但需选择多种针对模板分子的功能单体，较为烦琐。

（4）金属配位作用。金属配位作用具有高度立体选择性，并且在配位键结合与断裂过程中较为温和。当前已用于分子印迹技术的金属离子主要有Zn^{2+}、Cu^{2+}、Ni^+等。通过金属离子配位进行分子印迹是一种不同于传统分子印迹的方式，其主要区别在于该方法除需要模板分子、功能单体、交联剂外，还需要向体系中加入金属离子作为连接模板分子与功能单体的桥梁。而金属配位作用作为一种相对较强且可以稳定存在于水或醇溶液中的作用力，可以成为取代其他非共价相互作用的途径之一。目前，金属配位分子印迹聚合物在极性溶剂与质子溶剂中均表现出良好的印迹效率，且以Cu^{2+}与Fe^{3+}为代表的金属离子在进行配位分子印迹的同时还可以形成催化中心，进一步拓展了分子印迹聚合物的用途。该方法常用于分离多肽、蛋白及天然活性成分，在生物、中药学等领域具有广泛前景。

5.6.1.3　常用原料

分子印迹过程中，原料包括模板分子、功能单体、交联剂、引发剂和溶剂等。按研究目的选择模板分子，而后根据模板分子结构特点寻找可能与其相结合的功能单体，如4–乙烯基吡啶、甲基丙烯酸和丙烯酰胺等。交联剂与引发剂的选择需要兼顾功能性和溶解性，常见交联剂有乙二醇二甲基丙烯酸酯、二乙烯基苯和戊二醛等，常见引发剂有偶氮二异丁腈、过硫酸铵和过硫酸钾等。偶氮二异丁腈由于反应稳定且副反应较少，是分子印迹技术中最常用的自由基引发剂。此外，分子印迹过程中需要根据印迹种类选择不同溶剂，要求既能够溶解模板分子、功能单体、交联剂、引发剂等一系列物质，又能够为分子印迹聚合物提供多孔结构，常用质子溶剂有甲醇、乙醇和甲酸等，常用非极性溶剂有四氢呋喃、氯仿和二氯甲烷等。

5.6.1.4　分子印迹技术聚合方法

根据模板分子、功能单体不同，分子印迹聚合物有多种制备方法可以选择。一般分为三维分子印迹和二维分子印迹（表面印迹）。根据所选用分子印迹类型及过程状态，三维分子印迹又可以分为本体聚合、分散聚合、沉淀聚合、悬浮聚合和原位聚合；根据聚合反应发生位置，二维分子印迹可以分为自下而上及自上而下的两种制备方法。随着分子印迹技术不断与生物、化学、物理等学科交叉发展，其聚合方式也不断创新，离子液体、温度敏感型及pH值敏感型分子印迹聚合物的制备已经成为当今分子印迹技术方向的研究热点。

5.6.2　分子印迹技术在天然活性物质分离研究领域的应用

5.6.2.1　分离黄酮类成分

黄酮类化合物是指2个苯环通过3个碳原子相互连接的一系列化合物，如槲皮素、芦丁和桑色素等，其基本碳架为C_6—C_3—C_6结构，广泛存在于蔬菜、水果及各种药用植物中。多项研究表明，黄酮类化合物具有抗氧化、抗肿瘤和消炎等生理作用，因其卓越的医疗价值一直是中医药及天然产物化学领域研究的热点。

朱安宏等[55]以Fe_3O_4磁性纳米颗粒为载体、槲皮素为模板分子、丙烯酰胺（AM）为功能单体、二甲基丙烯酸乙二醇酯（EGDMA）为交联剂，按槲皮素与AM物质的量比1∶6制备出分子印迹聚合物，其具有较好的磁学性能，同时能够快速高效分离槲皮素。该试验中采用了表面分子印迹的方式。该类表面分子印迹聚合物具有易分离、无须二次处理、可根据需要调节聚合物粒径大小等特点。目前，发展较为成熟的表面分子印迹技术是利用金属离子与组氨酸之间的配位作用力对含有组氨酸片段的多肽与蛋白质进行分离，其本质是将大分子物质的某一部分作为分子印迹结合位点，从而实现对大分子的整体分离，该思路亦可应用于大分子天然活性物质的分离纯化，大多数黄酮中含有苯环、多羟基苯等结构，利用苯酚、苯二酚、苯三酚等小分子作为模板分子，进而印迹含有其结构的大分子黄酮，是分子印迹技术应用于黄酮类化合物分离的可行性探索。

王占花等[56]以芦丁为模板分子、通过等摩尔变换法确定4-乙烯基吡啶（4-VP）与4-乙烯基苯硼酸为双功能单体、以二乙烯基苯与二硫苏糖醇为双交联剂、以2，2-二甲氧基-2-脱氧苯偶姻与2-羟基-4（2-羟乙基）-2-甲基苯丙酮为双引发剂，经光照反应12h制备得到正电荷胶束型分子印迹聚合物，将其与带负电的柠檬酸三钠修饰的Fe_3O_4（Fe_3O_4@CA）载体通过静电相互作用结合，制备得到磁性胶束多功能单体分子印迹聚合物。该磁性胶束多功能单体分子印迹聚合物可以从芦丁结构类似物槲皮素、柚皮苷、矢车菊素-3-O-葡萄糖苷中特异性吸附芦丁分子，识别特异性因子高达3.55，可以有效地从复杂体系中分离芦丁。黄酮类化合物分子中的C_6—C_3—C_6结构使得黄酮类化合物在结构上往往存在一定相似性，当待分离体系中同时含有多种黄酮类化合物时，由两种及以上的功能单体对模板分子进行印迹的多功能单体法可以更好地对模板分子进行特异性印迹及吸附，从而提高对结构类似物的选择性。由于天然产物常具有相似结构，多功能单体法在分离天然活性物质方面有着较为广泛的应用。邢占芬等[57]在水-甲醇-Cu^{2+}条件下，以AM为功能单体，以配位作用为驱动力制备桑色素-Cu^{2+}配位分子印迹聚合物，该聚合物具有特异性识别率高、结合力强、识别速度快等特点，解决了以氢键为驱动力的分子印迹聚合物在极性环境中识别能力严重下降的问题，对桑色素最大吸附量可达82μmol/g，远大于非配位吸附方式，是一种高效分离桑色素的聚合物。

黄酮类化合物作为一种具有较高药用价值的天然活性物质，其单一组分的提取一直是研究者们所追求的目标。目前，黄酮类化合物主要通过有机溶剂萃取、碱提酸沉、微波辅助萃取等方法提取得到总黄酮，如何对总黄酮中不同组分进行分离一直是科研工作者研究的重点。现行方法下，即使对同一种黄酮进行分离，常需要针对不同植物类型、溶剂体系、黄酮种类等因素进行调整，重复率低，耗时耗力。分子印迹技术作为一种针对目标化合物特异性分离的技术，对其原料类型及分离体系要求不高，从而可以解决上述大部分问题。分子印迹化合物是一种便捷高效且可重复利用的新型材料，受到了许多科研工作者的青睐。

5.6.2.2 分离多酚类成分

多酚类化合物是植物中一种含有多个酚羟基化合物的统称，其在植物中含量丰富且种类繁多，具有抗氧化、抗病毒、抗肿瘤等功效，是多种药物的前体物质，常见多酚类成分有表没食子儿茶素没食子酸酯（EGCG）、白藜芦醇和没食子酸等。

Yu等[58]以壳聚糖为功能单体，制备EGCG印迹壳聚糖微球用于选择与分离EGCG，结果表明：

EGCG与壳聚糖上氨基之间的氢键是吸附与识别过程中的主要驱动力，于313K下该微球对EGCG的最大吸附量为135.50mg/g，印迹因子为4.22，重复使用5次后其吸附容量为初始吸附量的93.33%，具有良好的吸附性能与可重复性。利用分子印迹方法在茶多酚原液中对EGCG进行提取，与传统方法相比，可以显著提高EGCG的提取效率与纯度，可以高效便捷地将其与茶多酚原液中其他物质分离。何慧清等[59]以白藜芦醇为模板分子、α-甲基丙烯酸（MAA）为功能单体、EGDMA为交联剂，按照物质的量比1：4：25采用甲醇沉淀聚合法制得分子印迹聚合物，并以此为固相萃取柱填料制备了白藜芦醇分子印迹聚合物固相萃取柱，该萃取柱对花生中白藜芦醇具有显著的分离效果，白藜芦醇经分离、纯化后纯度可达92.5%。固相萃取是一种将分离与浓缩两步合并的一种高效、便捷的分离手段，其本质是依靠样品在固定相与流动相之间分配系数的不同实现对不同物质的分离纯化。传统固相萃取柱具有吸附率与回收率较低、固相萃取柱多为一次性使用、操作烦琐等缺点，而分子印迹的特异性识别为固相萃取柱提供了一种新的发展思路。该试验制备得到的分子印迹柱，可以有效地从花生根、茎部位提取白藜芦醇。

王斌[60]以Fe_3O_4为载体、没食子酸为模板分子、4-VP为功能单体、

EGDMA为交联剂，制备了磁性硅基$Fe_3O_4@SiO_2@MIPs$，对没食子酸吸附量为15.77mg/g，重复使用6次后仍具有89.25%的初始吸附量，实现了没食子酸的快速富集分离。该方法制备的$Fe_3O_4@SiO_2$分子印迹聚合物具有良好的亲水性，相较于传统非亲水性分子印迹聚合物可以更加高效地从水溶液中分离没食子酸。

多酚作为一种重要的抗氧化剂，多存在于植物中，通过分子印迹技术可以高效、便捷地将多酚从植物成分提取液中与其他组分分离，从而实现多酚类化合物的高效提取与纯化。

当前，分子印迹技术分离多酚类成分的主要问题是某些多酚类化合物结构较为相似，例如表没食子儿茶素与表儿茶素结构上只相差一个羟基。如何准确地将结构类似的多酚准确印迹，从而提升分子印迹技术对多酚化合物的专一性是限制其工业化的主要瓶颈。目前，解决此问题的主要方法有多模板分子印迹及对提取液进行前处理等。

5.6.2.3　分离生物碱类成分

生物碱是一类广泛存在于动植物体内的含氮碱性有机化合物，其具有消炎、抗病毒和抗肿瘤等功效，是近年来医药领域研究的热点之一。目前可以通过分离得到的生物碱约7000余种。生物碱作为模板分子易通过静电相互作用或氢键作用与酸性功能单体链接，近年来分子印迹技术越来越多地应用于生物碱的分离与纯化。

Jiao等[61]制备出可用于废水中选择性提取茶碱的分子印迹聚合物，以MAA为功能单体、EGDMA为交联剂，制得的聚合物在220℃下有良好的稳定性，在pH值7.0时与茶碱有最强静电相互作用，最大吸附量为14.55mg/g，其具有较强的选择性与可重复使用性。Lv等[62]将3-氨丙基三乙氧基硅烷与丙烯酰胺合成的杂化单体用于分子印迹聚合物的合成，并将其用于萃取分离绿茶中的茶碱，分子印迹聚合物回收率为93.7%，对茶碱具有较高的选择性与识别能力。袁新华等[63]以苦参碱为模板分子、苯酚为功能单体，制得酚羟基修饰树脂型分子印迹聚合物，该分子印迹聚合物可以高效识别苦参碱，对苦参碱的选择系数为15.67。

5.6.2.4　分离有机酸类成分

有机酸是从植物中分离得到的一类含有羧基的酸性化合物，除游离态外自然界中的有机酸常以酯或盐的形式存在，具有抑菌、抗炎等功效。常见有机酸有阿魏酸、绿原酸等。王娇[64]以阿魏酸为模板分子、MAA为功能单体、EGDMA为交联剂，三者物质的量比为1∶40∶40，预聚合20min后紫外光照射1.5h，以紫外光引发聚合方式制备阿魏酸分子印迹复合膜，所制的分子印迹复合膜对阿魏酸具有较好的渗透选择性与特异性识别性能，最大吸附量为12.12mg/g。韦美华等[65]以聚偏氟乙烯作为支撑膜，制备出含有无机纳米粒子阿魏酸分子印迹复合膜，无机纳米粒子的加入有利于复合膜空穴结构的维持，该改良方法使分子印迹复合膜承压能力增强且仍然具有较高的分离效率，承压能力大于0.4MPa，分离因子约3.1。彭胜等[66]以绿原酸为模板分子，间苯二酚和三聚氰胺为双功能单体，甲醛为交联剂，磁性介孔二氧化硅为载体，合成亲水性分子印迹树脂，可以快速吸附绿原酸并应用于HPLC检测，其具有较强的吸附容量（50.87mg/g）、较快的吸附速率（吸附平衡时间70min）和较好的特异性吸附性能。程开茂等[67]探索了新型冰凝胶聚合物的制备方法，以MAA为功能单体，甲叉双丙烯酰胺为交联剂，于−18℃下反应24h制备了分子印迹聚合物，其对绿原酸的最大吸附量为73.8mg/g。

有机酸作为一类酸性天然活性物质，其游离态组分的分离一直是天然产物化学中研究的重点。常用的有机酸提取技术包括浸提法、索氏提取法、水蒸气蒸馏法等传统提取方法，以及超声波提取法、超临界流体萃取法、酶工程法等新型方法。传统方法能耗高、耗时长，新型方法成本高、操作复杂，而分子印迹技术因具有对溶液体系要求不高、特异性强、简便、快速等优点，已经越来越多地应用于有机酸类天然活性物质的分离与纯化。

5.6.2.5　分离甾体类成分

甾体是一类广泛存在于动植物体内、以环戊烷全氢菲为骨架的天然活性物质，如胆固醇、胆汁酸和肾上腺皮质激素等，常被应用于生物、医药领域。

Pešić等[68]以EDGMA、1，4-丁二醇二甲基丙烯酸酯、1，6-己二醇二甲基丙烯酸酯为交联剂，2-丙醇、乙腈和氯仿为溶剂制备分子印迹聚合物，实验结果表明：EDGMA与2-丙醇是最佳分子印迹聚合物的制备原料，所制备的分子印迹聚合物能够高效区分胆固醇与其分子结构类似物。白慧萍等[69]以胆固醇为模板分子，苯酚为功能单体，将胆固醇分子印迹聚合物聚合在经石墨烯修饰的玻碳电极表面，制得一种可以定向分离胆固醇的分子印迹电化学传感器。当胆固醇浓度位于8.0×10^{-8}~2.0×10^{-4}mol/L，胆固醇浓度与峰电流呈线性关系，检出限（S/N=3）为5.6×10^{-8}mol/L，其对胆固醇具有较高灵敏度，可应用于人体血清中胆固醇分离与含量检测。王焕军[70]探究了功能单体与交联剂种类分别对胆固醇分子印迹聚合膜传感器性能的影响，发现：以2-巯基苯并咪唑为功能单体，半胱胺为交联剂，制备的胆固醇分子印迹聚合膜传感器对胆固醇具有较好的特异性识别效果，可以实现胆固醇的定向分离与检测，其有效检出限为1.25~750μmol/L，线性检出范围为30~700μmol/L。

甾体化合物之间的理化性质十分接近，通过萃取、色谱和沉降等方式很难得到单一甾体纯净物，借助于分子印迹技术特异性识别的特点可以针对性地提取某一种甾体，为其进一步应用奠定了基础。

5.6.2.6　分离其他种类天然活性物质

除上述天然活性物质外，分子印迹技术在分离萜类、多糖、香豆素、核酸、多肽、苷类等物质方面亦有广泛应用。苏立强等[71]以介孔材料（MCM-41型）为载体，利用表面印迹技术制备青蒿素MIPs，其对青蒿素具有良好的选择性，最大吸附量为102.25mg/g，35min内可快速达到吸附平衡。王可兴等[72]以MAA为功能单体、EDGMA为交联剂，制备紫杉醇MIPs，当MAA与紫杉醇物质的量比4∶1，聚合温度为60℃时，制得的聚合物对紫杉醇的最大吸附量为3.66mg/g。黄薇薇等[73]针对多糖大分子结构复杂多样的特点，以3-氨基苯硼酸、2-丙烯酰胺-2-甲基丙磺酸为双功能单体，以$Fe_3O_4@SiO_2@GLYMO$为基体，对淀粉进行分子印迹，制备得到环氧功能化双功能磁性分子印迹聚合物，其对淀粉有较强的吸附性与特异性识别能力，饱和吸附量达到13.88mg/g，印迹因子达到3.04，且具有可重复使用特点。宋立新等[74]通过悬浮聚合法及原子转移自由基聚合法合成7-乙酰氧基-4-甲基香豆素MIPs，在模板分子与功能单体物质的量比为1∶80，引发剂量为单体质量1.5%，温度60℃条件下可制得具有香豆素高选择性的分子印迹聚合物。

　　总体来说，天然产物成分相对复杂，传统分离方式仍存在较多弊端，而分子印迹技术因其高效、便捷、特异性强和灵敏度高等诸多优点受到越来越多科研工作者的青睐，已经成为天然产物化学中纯化、鉴别和分析的一项重要手段。

5.7　膜分离技术

　　微滤法通过施加压力差，实现对微粒的筛选分离，从而高效浓缩不溶性物质。微孔膜是用于制药、生化领域的薄膜，是一种均匀多孔膜，其厚度为90~150μm、操作压力为0.01~0.2MPa、粒径为0.025~10μm。张艳等[75]利用微滤和超滤技术对茶多糖分离提纯，在最佳工艺条件下，茶多糖的提取率可达50%。宋逍等人[76]探索从葛根中分离纯化葛根素，在最优条件下，葛根素的膜通过率平均可达47.546%。微滤技术被广泛应用于提纯除杂、澄清和菌液处理等领域。该技术通过高效除去杂质，同时保留目标组分，不仅有助于提高分离效率，还能有效保护后续的超滤和纳滤工艺。

　　超滤技术和微滤技术的使用原理大致相同，膜的孔径范围为10~100nm。WEIS等在1000μm的超滤膜上对芦丁和葡萄糖进行了分离富集，获得了较好的分离效果，且无相态变化，能耗较低，占地面积较小，适用于天然产物的分离、提取、纯化等领域。

　　纳滤作为一种介于超滤与反渗透之间的膜分离技术，是反渗透膜的衍生品，其膜孔径通常为1~10nm，又称"低压反渗透"。该方法具备无热效应、操作简单、能耗低等多重优势，特别适用于对热敏感物质进行提取与分离。郭立忠等[77]以黄芪多糖及总皂甙为研究对象，进行了纳滤浓缩与蒸发浓缩的过程对比研究。结果显示，纳滤浓缩后的上清液中多糖含量为91.35%，总皂甙含量为16.27%，总黄酮含量为2.13%。与蒸发浓缩相比，纳滤浓缩具有更高的提取效果。此外，纳滤浓缩装置所需费用更低，浓缩后的损失也更小。

电渗析法运用电位差作为推动力，使水中的离子渗透，将其中的无机及有机离子截留下来。反渗透技术（膜孔直径小于1nm）则通过半透膜将溶质截留，并使其溶剂透过，从而实现对溶液中的盐及小分子物质的脱除。这项技术广泛应用于药液浓缩、去除无机盐等领域。

近年来，天然产物生产工艺中采用膜分离与分离相结合的方法逐渐兴起，并取得了显著效果。蒋华斌等[78]研究团队通过超滤分离、纳滤浓缩等方法，成功地从管花肉苁蓉中提取纯度达51.82%、得率达66.86%的苯乙醇苷。相较于传统的乙醇提取–大孔树脂色谱法，这种方法具有多种优势，如操作简便、安全、经济等，有效节省了原材料，同时实现了多糖的有效分离。另外，蔡铭等[79]研究人员则应用微过滤–纳滤技术对猴头菌粗多糖进行了分离，获得了10.08%（纯度为43.01%）的粗多糖，且能保持提取液中80.34%的多糖含量。

第6章　植物天然产物有效成分的提取分离技术与方法

　　植物天然产物作为小分子药物、营养品、化妆品、香精香料等的主要来源，在国民经济中占有举足轻重的地位。近年来，我国在天然产物研究方面取得了长足的进步。在这一章中，我们重点介绍了一些植物天然产物中活性成分的提取和分离方法，希望能为植物天然产物的化学研究提供借鉴。

6.1　生物碱类成分的提取分离

6.1.1　生物碱的提取方法

目前，关于生物碱的提取方法已经涌现出多种，根据所用溶剂的不同，这些方法可分为水、酸性水溶液、碱性水溶液、有机溶剂、酸性和碱性有机溶剂等几大类。不同的提取方法在生物碱的溶解性和提取效率方面表现出差异，因此在实际应用中需要根据具体情况选择合适的溶剂、提取条件以及提取方法。

（1）溶剂选择：一般而言，由于大部分生物碱在水中不溶或几乎不溶，因此用水作溶剂的提取方法效率较低。相比之下，酸性水溶液和酸性有机溶剂是较为常见和有效的选择。然而，需要注意的是，酸性条件可能会影响生物碱的活性，因此在选择酸性溶剂时需要通过优化试验来确定酸的浓度。

（2）提取条件：根据提取条件的不同，生物碱的提取方法可以分为多种，包括冷索氏抽提法、回流提取法、超声波提取法、浸提法、膜提取法、超临界流体提取法等。传统的回流提取、冷浸提、索氏抽提法虽然在提取效率上可以通过优化工艺流程得到提高，但存在操作不便的问题。

（3）新兴提取技术：为了克服传统方法的不足，新兴的提取技术如超声波提取、膜提取、超临界流体提取等应运而生。这些技术原理独特，对设备要求较高，难以实现产业化。然而，与传统提取法相比，它们在提取效率上有了显著提升，为生物碱的高效提取提供了新的途径。

6.1.2　生物碱常用分离方法

从植物、真菌等中分离获得生物碱类化合物，是获得纯度较高的生物碱类化合物的必要途径，因此，如何从不同生物碱或不同物种中获得高效、高纯度的生物碱类化合物一直是研究者们争相探索的热点。经典的分离方法有有机溶剂萃取、沉淀法、生物膜渗透等，其中，色谱法被应用得最多。

6.1.2.1　大孔树脂的纯化法

大孔树脂是一种大孔网状有机吸附剂，在水质处理领域具有广泛的应用。其主要特点是能够高效吸附水中的有机物，实现对水质的物理吸附，尤其在去除杂质方面表现得简便而高效。相较于传统方法，大孔树脂吸附法不仅实现了简化的处理过程，同时减小了对样品的损失。基本原理是：大孔树脂孔径大小不一，其比表面积因其孔洞而增大。洗脱过程中，粒径与大孔树脂尺寸相等或更小的孔径随洗脱液排出，而孔径大的则截留在树脂表面，需要较长的洗脱时间，从而产生了初步的分离效果。

6.1.2.2　Al$_2$O$_3$柱色谱的分离法

Al$_2$O$_3$柱色谱法是一种高效分离生物碱的方法，通过采用氧化铝（Al$_2$O$_3$）作为填料，实现在强酸环境下对生物碱的有效分离。这一过程在高分离温度条件下进行，适用于在强酸性条件下不失活的生物碱。

6.1.2.3　硅胶柱色谱的分离法

硅胶柱色谱是一种广泛应用于分离、纯化和分析天然产物的技术。该方法利用硅胶柱作为固定相，在薄层板上选择适合的洗脱剂，因为硅胶柱中的填料硅胶具有出色的稳定性，使其能够在不损害硅胶柱的情况下，对各种有机溶剂或混合溶剂进行高效分离。

6.1.2.4　离子交换树脂的分离法

离子交换树脂是利用分子之间的静电力与被吸附物发生相互作用，从而实现对被吸附物的分离和纯化。在对吸附树脂进行预处理时，必须充分考虑解离离子的酸性和碱性。这种方法具有设备简单、工艺简单、能耗低、损耗小等优点，在活性成分的分离中得到了广泛的应用。

离子交换树脂是利用分子之间的静电力与被吸附物发生相互作用，从而实现对被吸附物的分离和纯化。在对吸附树脂进行预处理时，必须充分考虑解离离子的酸性和碱性。这种方法具有设备简单、工艺简单、能耗低、损耗小等优点，在活性成分的分离中得到了广泛的应用。

另外，离子交换树脂、高速逆流色谱等方法在生物碱的分离中应用也越来越多。研究发现，对中药川芎中的生物碱进行提取分离，采用HSCCC法的分离效果与提取得率都显著高于HPLC法。

6.1.3　贝母花中生物碱的提取分离纯化

6.1.3.1　贝母花中生物碱的提取

由于利用传统提取方法对生物碱提取过程中存在的耗能高、生物碱提取率低且损失多、提取物不纯等问题，已经无法满足市场对生物碱日益增加的需求，一些新技术如超临界流体萃取技术、现代生物酶辅助技术等被应用到生物碱提取工艺中。这些新技术能耗低，提取效率高，因此成为研究热点。

（1）有机溶剂提取法。有机溶剂提取法是指将中草药浸泡在有机溶剂中，从而使有效成分从细胞中扩散出来的方法。由于中草药中各种成分在不同溶剂中有不同的溶解度，选用能有效溶解活性成分且不溶或微溶其他杂质成分的溶剂，通过加热或其他辅助条件将药材组织中的有效成分分离出来。

（2）回流法。回流法是指利用挥发性高的有机溶剂（如乙醇）浸提药材，加热浸提液，乙醇挥发馏出后又被冷凝重新流回浸出器中，如此反复进行直至有效成分完全提取出来的方法。

6.1.3.2　贝母花中生物碱的分离

大孔树脂的预处理：分别取4种不同型号的大孔树脂，装入交换柱，用蒸馏水冲洗，冲洗干净后，再加入95%乙醇，浸泡4h，然后用蒸馏水冲洗，直至流出的水无明显乙醇气味。用盐酸溶液缓缓通过树脂层，流出酸液，再用蒸馏水冲洗至流出液为中性。再用NaOH溶液缓缓通过树脂层，流出碱液，用蒸馏水冲洗至流出液呈中性。

大孔树脂的再生：用95%乙醇洗脱树脂柱至流出液无色，再以大量蒸馏水冲洗，用3%～5%盐酸溶液浸泡2～4h，然后用大量蒸馏水清洗至流出液呈中性，再用3%～5%NaOH溶液浸泡4h，最后用蒸馏水清洗至pH为中性。

根据贝母素甲的分子结构特点以及极性，准备大孔树脂进行筛选，选出对贝母素甲吸附-解吸效果较好的大孔树脂。通过静态吸附解吸试验和动态吸附洗脱实验进行生物碱的分离。

6.1.4　黄连生物碱的分离纯化

黄连中的生物碱是黄连的有效成分，选用聚酰胺树脂为分离生物碱的色谱柱填料。

首先，黄连须经过多次提取，合并提取液并进行减压浓缩。随后，将浓缩液冷藏静置，经过减压过滤得到母液A和沉淀A。沉淀A经过多次结晶得到纯净的结晶1。母液A经过活性炭脱色，与母液B合并，减压浓缩后得到母液C和沉淀B。沉淀B经过结晶得到纯净的结晶2。母液C经过聚酰胺柱层析，经过梯度洗脱和层析分离得到三个组分。这三个组分分别经过反复结晶，得到纯净的结晶3、结晶4和结晶5。

整个提取分离流程通过层层精细的工艺步骤，实现了从黄连中提取生物碱并分离纯化的目的。这个流程不仅考虑了提取效率，还对产物进行了多次结晶步骤，确保了最终产物的纯净度。提取过程中采用不同浓度的溶剂、反复重结晶等手段，充分发挥了各组分的特性，使得提取的生物碱具有较高的纯度和稳定性。整体而言，这一提取分离流程为黄连中生物碱的制备提供了可靠的技术支持。

黄连生物碱的提取分离流程如图6-1所示。

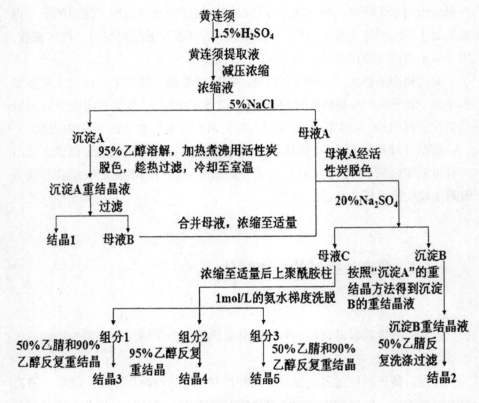

图6-1　黄连生物碱提取分离流程图

6.2　黄酮类成分的提取分离

6.2.1　黄酮类成分的提取方法

6.2.1.1　溶剂提取法

溶剂提取法包括热水提取法、醇提法和碱性水或碱性烯醇提取法。热水提取法只适合黄酮苷类的提取，提取过程中加水量、浸泡时间、煎煮时间与煎煮次数对提取得率的影响很大，但成本低廉，安全性好，适于大规模工业化生产。

醇提法与醇浓度密切相关，高浓度（90%~95%）适合提取黄酮甙元，60%以上的乙醇适合提取黄酮苷类。

因为黄酮类物质多数含有酚羟基，所以可以采用碱水[如Na_2CO_3溶液、NaOH溶液、$Ca_2(OH)_2$溶液]和碱性稀醇（如50%乙醇）对黄酮类物质进行浸提，得到黄酮类化合物。稀氢氧化钠在水溶液中的浸出率高，但其中的杂质含量高。石灰水（氢氧化钙水溶液）的优势在于能将鞣质、果胶、黏液质等含多羟基的鞣质形成钙盐沉淀，以利于浸出液的提纯。

6.2.1.2　微波提取法

利用微波技术对植物细胞进行高效、安全、低能耗的提取。实验结果表明，采用微波加热方法，不仅能提高产物得率，还能大幅度地缩短提取时间，产物中的杂质含量也显著低于中药煎煮法。微波加热技术为中药精制及天然保健品的研制与生产提供了新的思路与方法。目前国内对此项技术的研究基本处于实验室阶段，还没有大规模的工业化应用。

6.2.2　黄酮类成分的分离方法

薄层色谱是一种快速分离和定性分析少量物质的重要实验手段。这种方法通过将固定相涂布于基片上，形成薄层板，然后进行点样、展开，通过对比比移值R_f，来鉴别药品或进行含量测定。

层析分离法是目前应用最为广泛的一种分离方法，其基本原理是基于目标活性物质的分子结构大小与尺寸、溶解度与极性等。

6.2.3　鱼腥草中黄酮类成分的提取分离

鱼腥草中的黄酮类化合物包括芦丁、金丝桃苷、槲皮素、槲皮苷等具有药理作用的活性成分。

6.2.3.1　提取技术

鱼腥草中的黄酮类成分多为糖苷类，其苷元具有亲脂性，配基具有亲水性，故可采用甲醇、乙醇等有机溶剂和热水相结合的方法进行提取。目前，国内外对黄酮类成分的提取研究主要采用回流提取、热浸提等传统提取技术。随着设备的不断升级，超声提取、超临界流体提取等新型提取方法也得到了广泛的关注。其中，有机溶剂提取是目前最常见的一种提取方法。乙醇、甲醇、乙酸乙酯、乙醚、丙酮等用作溶剂。

6.2.3.2　提取工艺

植物提取工艺是从天然植物中获取有益成分的关键步骤之一，而提取的工艺选择直接影响到提取效率和成品质量。在植物提取领域，一系列的提取方法得到了广泛的应用。以下是一些常见的提取工艺及其优化。

（1）超声波强化溶剂提取法

步骤：将20g原料加入500mL 70%乙醇中，在45℃条件下，进行超声波处理55min，然后滤出滤液。

优点：超声波的引入能够提高提取效率，通过产生微小气泡和涡流，加速溶剂对植物成分的渗透，提高提取速度。

（2）乙醇浸泡后超声波强化溶剂提取法

步骤：先将20g原料浸泡在70%乙醇中24h，然后进行超声波强化溶剂提取。

优点：浸泡预处理有助于更好地溶解植物成分，超声波进一步强化提取效果，提高产物得率。

（3）热乙醇回流提取法

步骤：在70℃条件下，将20g原料与700mL 70%乙醇分3次（每次2h）进行回流提取、过滤，然后合并滤液，定容备用。

优点：高温有利于加速植物成分的溶解，回流提取则确保了充分的接触时间，提高了提取效率。

（4）热水提取法

步骤：在90℃条件下，将20g原料与800mL水分3次（每次45min）进行回流提取、过滤，然后合并滤液，定容备用。

优点：热水对于水溶性成分有良好的提取效果，回流提取保证了足够的时间进行充分溶解。

6.2.4　水飞蓟中黄酮类成分的提取

水飞蓟是一种植物，被广泛用于食品和医药领域。黄酮类成分是水飞蓟中具有药用和保健功能的重要化合物。亚临界低温萃取[80]是一种有效的提取方法，下面将详细介绍水飞蓟中黄酮类成分的提取工艺流程。

6.2.4.1　预处理工艺

提取的第一步是对水飞蓟进行预处理，以确保最终提取物的纯度和质量。预处理包括以下步骤。

（1）除杂：通过振动筛，将原料中的杂质除去，确保提取物的纯净度。

（2）软化：将原料输送至软化锅，加入一定量水，升温至45～55℃，软化处理15min左右，为后续提取做准备。

（3）轧坯：经过软化后的原料进入轧坯机，水分保持在8%左右。

6.2.4.2　亚临界低温萃取工艺

亚临界低温萃取是该工艺的关键步骤，使用丁烷和丙烷等亚临界溶剂，保持低温和一定的压力进行油料的低温萃取。工艺步骤如下。

（1）坯片装入萃取罐：轧坯后的坯片被装入萃取罐。

（2）溶剂注入：通过溶剂泵，将亚临界溶剂注入萃取罐，浸泡坯片。

（3）溶剂抽出：溶剂泵将混合油从萃取罐抽出，送入蒸发罐。

（4）回流：利用压缩机和冷凝器，使溶剂蒸气冷凝液化后回流到溶剂罐，实现循环使用。

（5）蒸发：混合油进入蒸发容器，加热后，使溶剂蒸发，分离出毛油。蒸发后的溶剂可以经过压缩液化后重复使用。

6.2.4.3　精炼工艺

提取得到的毛油需要经过精炼工艺，以得到成品油，该过程包括以下步骤。

（1）过滤：去除毛油中的固体悬浮物，确保毛油含杂不大于0.2%。

（2）水化脱胶：利用热水和电解质的作用，去除胶溶性杂质，提高油的透明度。

（3）脱酸：检测酸值，脱除游离脂肪酸，提高油的质量。

（4）脱色：利用白土和活性炭吸附色素，提高油的纯净度。

（5）脱臭：通过蒸汽汽提，去除油中的臭味和残余的游离脂肪酸。

（6）脱蜡：缓慢冷冻，使油中的蜡质结晶，通过冷冻过滤去除，达到国家一级油标准。

通过以上工艺流程，成功地提取出水飞蓟中黄酮类成分，并经过精炼工艺得到高质量的成品油。这一提取工艺不仅有效保留了水飞蓟中的活性成分，而且在工艺的每一个环节都有所优化，以确保最终产品的质量和纯度。

6.2.5　阔叶黄檀黄酮类成分提取分离

阔叶黄檀是豆科黄檀属*Dalbergialatifoliapi-erre.*植物，分布于东南亚国家和印度中部等地区。阔叶黄檀在印度民间用于治疗肥胖、腹泻、消化不良、胃病、疼痛和麻风病等疾病。现代药理学研究表明，该植物具有抗氧化、抗癌、抗菌、抗突变、抗溶血、免疫调节作用等生物活性。

阔叶黄檀心材50.0kg，粉碎，70%乙醇加热回流提取3次，每次2h，合并提取液，回收溶剂，浓缩至无醇味，得浸膏5.5kg。取浸膏4.5kg加适量水分散，得混悬液，依次用石油醚、二氯甲烷、乙酸乙酯、正丁醇进行萃取，回收溶剂，分别得到石油醚部位75.0g，二氯甲烷部位2.0kg，乙酸乙酯部位1.8kg，正丁醇部位30.0g。取二氯甲烷部位1.5kg，经硅胶柱层析以石油醚-乙酸乙酯为溶剂系统梯度洗脱得21个流分Fr.1-21。Fr.6流分经硅胶柱层析、SephadexLH-20柱层析分离纯化得化合物7（14.5mg）。Fr.13经反复硅胶柱层析、SephadexLH-20柱层析分离纯化得化合物6（66.0mg）。Fr.14流分经硅胶柱层析以石油醚-二氯甲烷溶剂系统梯度洗脱得14个流分Fr.14.A-14.L'。Fr.14.K流分经SephadexLH-20柱层析分离纯化得化合物3（31.0mg）。Fr.14.K'流分经SephadexLH-20柱层析分离纯化得化合物1（13.7mg）。Fr.17流分经反复硅胶柱层析、半制备型液相色谱以甲醇-水为溶剂系统梯度洗脱得到化合物2（3.2mg）。取乙酸乙酯部位1.2kg，依次经硅胶柱层析、SephadexLH-20柱层析、反相柱层析、半制备型液相色谱分离纯化得到化合物5（3.5mg）。取正丁醇部位30.0g，经ODS中压制备色谱，以甲醇-水为溶剂系统洗脱分离得10个流分Fr.1-10。流分Fr.5经SephadexLH-20柱层析以甲醇溶剂系统洗脱得5个流分Fr.5.A-Fr.5.E。Fr.5.B流分经半制备型液相色谱仪，甲醇-水作为流动相，等度洗脱得到化合物4（2.2mg）。

经鉴定，化合物1为甘草素；化合物2为5，7-二羟基-2'，3'，4'-三甲氧基二氢异黄酮；化合物3为7-羟基-6-甲氧基黄酮；化合物4为PterosoninE；化合物5为3，4，4'，7-四羟基黄烷；化合物6为异甘草素；化合物7为2'，4'-二羟基查尔酮。其中，化合物5、7为首次从黄檀属中分离得到，化合物2、3为首次从阔叶黄檀植物中分离得到。化合物的抗氧化活性均弱于阳性药物抗坏血酸，其IC_{50}值范围在0.07~118.75mg/mL。

6.3 甾体类成分的提取分离

由于甾体皂苷分子极性大、不稳定、原料含量低，易被水解，故提取大多在温和条件下进行，我们以甲醇为溶剂，从*Dioscoreapseudojaponica Yamamoto*.中分离得到皂苷类成分，根据研究结果，随着提取温度的升高和作用时间的延长，皂苷的含量逐渐减少，尤其是味甾烷皂苷的含量发生明显变化。当前，国内外对甾体皂苷的提取主要采用甲醇或乙醇作为溶剂，对于极性较强的皂苷，则采用烯醇或热水进行浸提。在提取过程中，提取溶剂的选择、提取条件（如温度、pH值、料液比等）以及物质特性（包括组成和粒度等）对传质效率都起到关键作用。传统的提取工艺包括浸提法和回流法。在这些工艺中，溶解度对提取效果的影响最为显著，其次是有效扩散。在提取过程中，溶剂的溶解度对最终提取率产生较大影响，而有效扩散则在提取效果中占有重要地位。固-液界面上的浓度梯度是皂苷类物质高效扩散的驱动力，而皂苷类物质在植物体内的高效扩散则是由其引起的。浸提提取过程耗时较长，通常需数十小时甚至数星期。所以，多采用机械振荡等方法来帮助缩短提取时间。相较于浸提提取法，回流提取法可以减少溶剂用量，缩短提取时间，但仍需十多个小时。

为了进一步提高提取效率，减少提取时间，采用了超声波、微波等方法。超声波辅助提取技术是基于超声波的空化作用，通过对植物体内部结构的破坏，增强其在介质中的扩散和传质，并通过热作用加速其溶出，从而达到提高提取效率、减少溶剂消耗等目的。

甾体皂苷的分离可采用分级沉淀法、胆甾醇沉淀法、连续逆流萃取法以及色谱法等。

本节以一些代表性中药为例，介绍甾体类成分的提取与分离方法。叉蕊薯蓣的提取分离流程如图6-2所示。

图6-3所示为采用皂苷提取方法提取穿山龙总皂苷，以浓度为60%的乙醇为提取溶剂。图6-4中薯蓣皂苷元的提取采用先水解再提取的模式制备，操作相对简便，节省有机溶剂。

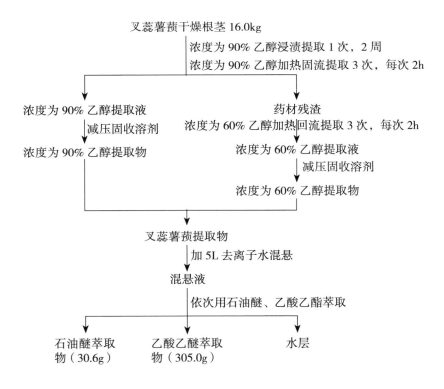

图6-2　叉蕊薯蓣的提取分离

穿山龙粗粉

 ↓ 用浓度为 60% 乙醇回流提取 4 次，每次 2h，乙醇
 ↓ 用量依次为 4 倍、3 倍、3 倍、3 倍量，合并提取液

乙醇提取液

 ↓ 减压回收乙醇至无醇味

乙醇浓缩液

 ↓ 离心

上清液

 ↓ 水饱和正丁醇萃取 4 次，合并萃取液，减压回收至干燥

穿山龙总皂苷

图6-3　穿山龙总皂苷的提取分离

穿山龙粗粉

 ↓ 用浓度为 20% 的硫酸水解 4h，放冷，过滤

药渣

 ↓ 水洗至中性，自然干燥，粉碎，石油醚连续
 ↓ 回流提取 6h

石油醚提取液

 ↓ 回收部分石油醚，放置结晶

粗结晶

 ↓ 乙醇或丙酮重结晶

薯蓣皂苷元

图6-4　薯蓣皂苷元的提取分离

  图6-5所示为麦冬总皂苷的提取分离流程。其中总皂苷的提取采用皂苷的提取方法，并利用D101大孔吸附树脂柱色谱进行富集纯化。正丁醇萃取液进行碱处理及大孔吸附树脂柱的NaOH初始洗脱，主要目的是去除酸性杂质的干扰。

  薤白中皂苷的提取分离流程如图6-6至图6-8所示。由于极性较大，故图6-6中薤白总皂苷的提取采取水提法，经大孔吸附树脂柱色谱纯化，将薤白总皂苷富集到浓度为60%的乙醇洗脱部分。图6-7中薤白总皂苷的提取采用皂苷提取通法，并结合大孔吸附树脂柱色谱富集纯化。图6-8中薤白总皂

苷的提取采用醇提取法，以浓度为70%的乙醇为溶剂，提取液浓缩后以乙酸乙酯萃取除杂，水层以大孔吸附树脂柱色谱纯化，将总皂苷富集到浓度为95%的乙醇洗脱部分，再结合硅胶柱色谱、中压ODS柱色谱等分离得到单体化合物。醇提取结合大孔树脂色谱纯化是皂苷类化合物提取的通用模式，可根据其溶解特性选择适宜的醇浓度。某些皂苷也可用水提取，再结合大孔树脂色谱–醇洗脱模式纯化。

麦冬粗粉

    ↓ 用浓度为 80% 的乙醇回流提取，过滤

乙醇提取液

    ↓ 减压回收乙醇至无醇味，离心

上清液

    ↓ 乙醚萃取 2 次，正丁醇萃取 4 次

正丁醇萃取液

    ↓ 0.1mol/L NaOH 萃取 2 次

正丁醇层

    ↓ 回收正丁醇，加水分散，以 D101 大孔吸附树脂柱色谱纯化，0.1%NaOH 洗至无色，再水洗至中性，70% 乙醇洗脱

浓度为 70% 的乙醇洗脱部分

    ↓ 回收乙醇，减压干燥

麦冬总皂苷

图6-5　麦冬总皂苷的提取分离

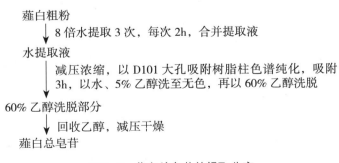

薤白粗粉

    ↓ 8 倍水提取 3 次，每次 2h，合并提取液

水提取液

    ↓ 减压浓缩，以 D101 大孔吸附树脂柱色谱纯化，吸附 3h，以水、5% 乙醇洗至无色，再以 60% 乙醇洗脱

60% 乙醇洗脱部分

    ↓ 回收乙醇，减压干燥

薤白总皂苷

图6-6　薤白总皂苷的提取分离

薤白粗粉
    ↓ 用浓度为 75% 的乙醇提取
乙醇提取液
    ↓ 回收乙醇，加水分散，依次以三氯甲烷、乙酸
     乙酯和正丁醇萃取
正丁醇萃取液
    ↓ 回收正丁醇
残留物
    ↓ 以大孔吸附树脂柱色谱纯化，甲醇洗脱
总皂苷
    ↓ 硅胶柱色谱，三氯甲烷 – 甲醇 – 水梯度洗脱，
     得到 5 个流分
流分④
    ↓ 以大孔吸附树脂柱色谱纯化，依次用水和浓度为 20% 的甲醇洗脱
浓度为 20% 的甲醇洗脱部分
    ↓ 硅胶柱色谱，三氯甲烷 – 甲醇 – 水洗脱，低压
     Lobar 柱色谱，ODS 柱色谱层析
薤白苷 E

图6–7　薤白苷E的提取分离

薤白粗粉
    ↓ 4 倍量浓度为 70% 的乙醇提取 4 次，每次 2h，再合并提取液
乙醇提取液
    ↓ 回收乙醇，加水分散，乙酸乙酯萃取 4 次
水层
    ↓ 减压浓缩，以大孔吸附树脂柱色谱纯化，依次以水、
     浓度为 95% 的乙醇洗脱
浓度为 95% 的乙醇洗脱部分
    ↓ 回收乙醇，减压浓缩，硅胶柱色谱，用乙酸乙酯 – 甲醇 –
     水梯度洗脱，得到 15 个流分
流分⑤
    ↓ 中压 ODS 柱色谱纯化，37% 乙腈等度洗脱
薤白苷 S

图6–8　薤白苷S的提取分离

图6-9所示为山麦冬总皂苷的提取分离流程。根据山麦冬总皂苷的极性特征，采用浓度为70%的乙醇为溶剂进行提取。提取物以大孔吸附树脂柱色谱纯化，从浓度为70%的乙醇洗脱部分中制备得到山麦冬总皂苷。

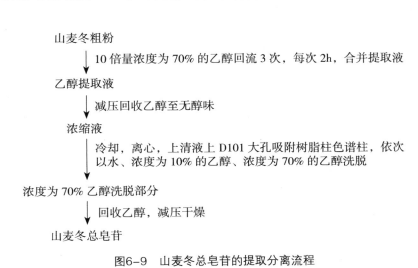

图6-9 山麦冬总皂苷的提取分离流程

图6-10所示为知母总皂苷的提取分离流程。采用醇提取法以50%乙醇为溶剂进行提取。提取物以AB-8大孔吸附树脂柱色谱进行纯化，知母总皂苷被富集到80%乙醇洗脱部分。

知母粗粉

↓ 12倍量浓度为50%的乙醇回流提取2次，每次2h，再合并提取液

乙醇提取液

↓ 减压回收乙醇

浓缩液

↓ 加水分散，以AB-8大孔吸附树脂柱色谱纯化，依次以水、浓度为80%的乙醇洗脱

浓度为80%乙醇洗脱部分

↓ 回收乙醇，减压干燥

知母总皂苷

图6-10 知母总皂苷的提取分离流程

图6-11所示为薯蓣次苷A与伪原薯蓣皂苷的提取分离流程。采用浓度为95%的乙醇为溶剂提取总皂苷，离心处理除去水不溶性杂质。通过硅胶柱色谱及制备型HPLC分离，最终依据极性由大到小依次分离得到薯蓣次苷A和伪原薯蓣皂苷。

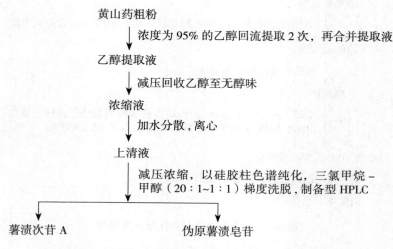

图6-11 薯蓣次苷A与伪原薯蓣皂苷的提取分离流程

图6-12所示为薯蓣皂苷、原薯蓣皂苷和原纤细薯蓣皂苷的提取分离流程。以浓度为60%的乙醇为提取溶剂，采用皂苷提取方法制得总皂苷。总皂苷结合加压硅胶柱色谱以及SP825大孔树脂柱色谱等分离得到目标化合物。SP825大孔树脂是高多孔性苯乙烯的合成吸附剂，其表面积比HP20系列大，孔径分布更均匀，用于皂苷纯化效果较好。

蒺藜中皂苷的提取分离流程如图6-13至图6-15所示。图6-13中蒺藜总皂苷的提取采用浓度为70%的乙醇为溶剂并结合D101大孔树脂柱进行纯化，总皂苷富集到浓度为70%的乙醇洗脱部分。文献报道通过对AB-8、D101和HPD-450三种大孔吸附树脂对蒺藜总皂苷的静态吸附量和解吸率的考察，确定D101大孔吸附树脂较适合用于蒺藜总皂苷的分离纯化。海可皂苷元与芰脱皂苷元的提取分离工艺如图6-14所示。以醇提法提取总皂苷，并结合聚酰胺柱色谱、硅胶柱色谱分离。图6-15中采用浓度为60%的乙醇提取总皂苷，以大孔吸附树脂柱色谱进行纯化，继而通过反复硅胶柱色谱分离得到蒺藜果呋苷A。

绵草藓粗粉
│ 浓度为60%的乙醇回流提取3次，每次2h，乙醇用
│ 量分别为8、6、6倍用量，过滤，再合并滤液
乙醇提取液
│ 减压回收乙醇至无醇味
浓缩液
│ 加水分散，水饱和正丁醇萃取5次
正丁醇层
│ 回收正丁醇，减压干燥
绵草解总皂苷
│ 用加压硅胶柱色谱纯化，三氯甲烷－甲醇－水梯度洗脱

流分60~63
│ 浓缩，重结晶
薯蓣皂苷

流分69~79
│ 浓缩，用SP825大孔吸附树脂柱色谱纯化，依次以
│ 水、浓度为15%的丙酮、浓度为25%的丙酮、浓度
│ 为35%的丙酮、浓度为45%的丙酮梯度洗脱
浓度为35%的丙酮洗脱部分
│ 浓度为25%的丙酮溶解，用ODS加压柱色谱纯化，
│ 以浓度为28%的丙酮、浓度为30%的丙酮、浓度为
│ 33%的丙酮梯度洗脱

浓度为30%的丙酮洗脱部分
原薯蓣皂苷

浓度为33%的丙酮洗脱部分
原纤细薯蓣皂苷

图6-12 薯蓣皂苷、原薯蓣皂苷和原纤细薯蓣皂苷的提取分离流程

蒺藜粗粉
│ 10倍量浓度为70%的乙醇80℃提取2次，
│ 每次2h，合并提取液
乙醇提取液
│ 回收乙醇，减压浓缩
浓缩液
│ 调pH5.0~5.5，用D101大孔吸附树脂柱色
│ 谱纯化，依次以水、70%乙醇洗脱
浓度为70%的乙醇洗脱部分
│ 回收乙醇，减压干燥
蒺藜总皂苷

图6-13 蒺藜总皂苷的提取分离过程

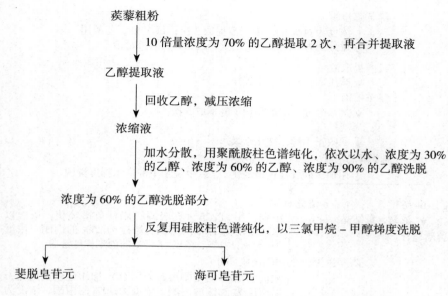

图6-14　海可皂苷元与蒡脱皂苷元的提取分离流程

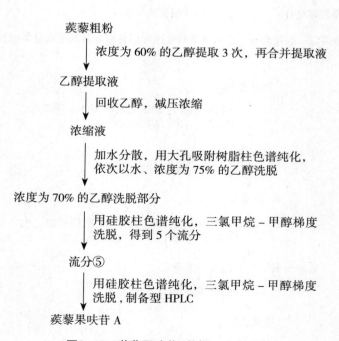

图6-15　蒺藜果呋苷A的提取分离流程

6.4　蒽醌类成分的提取分离

醌类化合物按照结构的不同主要分为苯醌类化合物、萘醌类化合物、菲醌类化合物和蒽醌类化合物四种。苯醌是结构较简单的一类醌，主要有两种形式：邻苯醌和对苯醌。邻苯醌的结构稳定性较差，因此，自然界中存在的苯醌化合物多为对苯醌的衍生物。萘醌类的结构主要包括三类，分别为 α-(1, 4)、β-(1, 2)及amphi-(2, 6)，自然界中存在的萘醌类多为 α-萘醌类。自然界中存在的菲醌衍生物主要有两种结构，包括邻菲醌和对菲醌。其中邻醌主要有邻菲醌 I、邻菲醌 II 两种结构。蒽醌类物质主要有蒽醌衍生物、蒽酚衍生物、二蒽酮类衍生物，广泛存在于细菌、真菌、地衣及各种植物中，尤其在蓼科、鼠李科、茜草科、豆科、百合科等高等植物中有较高含量。

6.4.1　醌类化合物的提取

中药中醌类化合物的结构包括游离、苷和盐的形式，其极性和溶解度存在差异，因而提取方法也有所不同。本节主要介绍以下几种提取方法。

6.4.1.1　醇提取法

醇提取法主要用于生产或实验室研究，实验室条件下有时也用乙醚或氯仿提取，流程相近：取大黄粉末于烧瓶中，加入浓度为95%的乙醇，90℃水浴回流提取2h，而后过滤，再向滤渣中加入浓度为95%的乙醇，90℃水浴回流1h，过滤合并滤液，利用减压加热浓缩分离乙醇，在倒出于烧杯中水浴彻底除去剩余乙醇，所得提取物于溶液中溶解后加入酸调pH至2~3，待沉淀后抽滤回收沉淀物即得蒽醌粗提物。

6.4.1.2　亲脂性有机溶剂提取法

游离醌类化合物的极性较小，提取时多用亲脂性有机溶剂，如苯、三氯甲烷。将提取液进行浓缩，静置后再加以过滤，对沉淀进行重结晶（图6–16）。

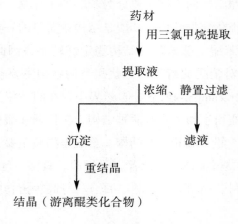

图6–16　亲脂性有机溶剂提取法

6.4.1.3　碱提取酸沉淀法

呈酸性的醌类化合物可以与碱发生反应得到醌盐，其溶解性增强，便于提取。生成的碱液经酸化处理，醌盐又转化为原来的醌类化合物而沉淀析出（图6–17）。

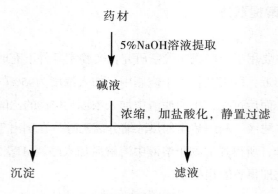

图6–17　碱提取酸沉淀法

6.4.1.4 水提法

水提法正常用于中药的煎煮，寻常中药熬制水量是正常取药材量的三倍，沸水煎煮15min，或80℃煎煮30min，煎煮以后用纱布过滤，再次加入水对滤渣进行煎煮，两次循环后合并滤液，若溶液太多可再短时煎煮浓缩，主要用于大黄的煎煮。有学者曾用水提法提取巴戟根中蒽醌类物质，并探究其在不同温度下的提取率。也有研究通过加压水提法提取蒽醌类物质，结果显示该提取方法能与用乙醇为溶剂进行索氏抽提蒽醌类物质达到相当的得率。

6.4.2 醌类化合物的分离

6.4.2.1 游离蒽醌的分离

（1）pH梯度萃取法

蒽醌在醌类化合物中是普遍存在的结构，通常能够依据羟基蒽醌中酚羟基的位置和数目的差异，再结合对分子的酸性强弱产生影响的不同加以分离。图6-18所示为游离蒽醌较通用的分离流程。

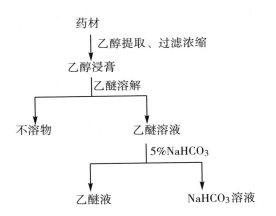

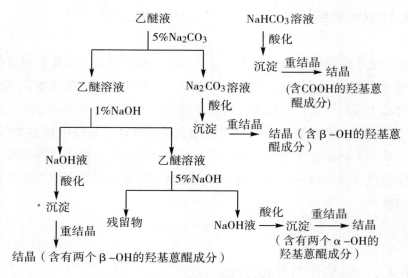

图6-18　游离蒽醌的分离流程

（2）色谱法。色谱法常用于结构较为接近的游离羟基蒽醌化合物的分离，如硅胶吸附柱色谱、聚酰胺色谱。

6.4.2.2　蒽醌苷类的分离

蒽醌苷类化合物多具有较强的水溶性，这就增大了分离的难度，可采用以下几种方法进行分离。

（1）溶剂法。在蒽醌苷类的水溶液中加入极性较大的有机溶剂，如正丁醇、乙酸乙酯等，可以将蒽醌苷类萃取出来，然后采用色谱法进一步分离。

（2）铅盐法。蒽醌苷类与$Pb(AcO)_2$反应可产生沉淀，进而从多种成分中分离出来。通常是在除去游离蒽醌的水溶液中加入$Pb(AcO)_2$，具体过程如图6-19所示。

（3）色谱法。对蒽醌苷类进行分离多采用色谱法，如聚酰胺色谱、硅胶色谱或葡聚糖凝胶柱色谱等。图6-20所示为大黄中蒽醌苷类的分离过程。

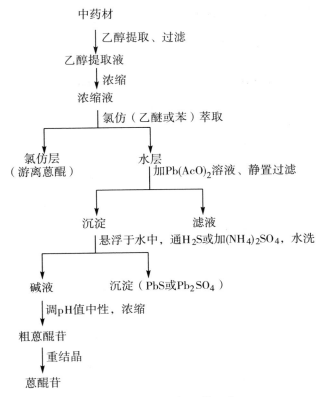

图6-19　铅盐法提取蒽醌苷

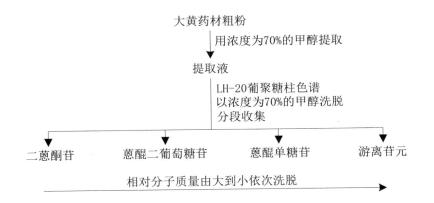

图6-20　大黄中蒽醌苷类的分离

6.4.3 牵牛全草化学成分的提取分离

牵牛为旋花科（Convolvoulaeae）植物，有裂叶牵牛[*Pharbitisnil*（L.）Choisy]和圆叶牵牛[*Pharbitispurpurea*（L.）Voigt]两种。药典记载其种子（牵牛子）有泻水通便、消痰涤饮、杀虫攻积等功效，用于治疗水肿胀满、二便不通、痰饮积聚、气逆喘咳、虫积腹痛及蛔虫、绦虫病等。

干燥牵牛全草2.00kg，切碎，95%乙醇浸泡，浸泡液经过滤、浓缩至500mL，依次用石油醚、乙酸乙酯、正丁醇萃取，减压蒸馏得到各层浸膏。乙酸乙酯提取物（16.04g）经硅胶柱色谱分离，石油醚乙酸乙酯,（8：2~0：1）梯度洗脱，每流分100mL合并相同流分得到13个部分（F_1~F_{13}）。F_6经重结晶得到化合物7（7.90mg）。F_7经过多次柱层析与高效液相色谱分离得到化合物5（4.40mg）、化合物6（1.00mg）、化合物8（26.10mg）。F_8经多次柱层析与高效液相色谱分离，得到化合物1（34.33mg）、化合物2（20.20mg）、化合物3（82.20mg）、化合物4（4.50mg），从F_{11}中得到化合物9（2.00mg）、化合物10（106.40mg）。

利用柱色谱、高效液相色谱、重结晶等方法对牵牛全草的化学成分进行研究，从牵牛全草乙酸乙酯提取物中分离得到10个化合物，经光谱分析鉴定结构为：（1）顺式阿魏酸酰对羟基苯乙胺；（2）对羟基桂皮酸酰对羟基苯乙胺；（3）阿魏酸酰对羟基苯乙胺；（4）顺式对羟基桂皮酸酰对羟基苯乙胺；（5）桂皮酸酰对羟基苯乙胺；（6）对羟基苯乙胺；（7）7羟基香豆素；（8）6甲氧基–7羟基香豆素；（9）尿嘧啶；（10）β谷甾醇葡萄糖苷。化合物1~9均为首次从该植物中分得。

6.5　萜类成分的提取分离

三萜类化合物包括游离三萜和三萜皂苷两大类。根据它们在不同溶剂中的溶解性，可以选择不同的提取方法，例如，使用溶剂提取或采用碱溶酸析法等传统的提取方式进行提取。随着研究的深入和技术的进步，新的提取方法也应运而生，包括超声循环技术、超临界流体萃取法、化学衍生法等。这些新方法为三萜类化合物的提取提供了更多选择。三萜类化合物的分离方法有分段沉淀法、胆甾醇沉淀法和色谱法，其中，色谱法为应用最广泛、分离效果最好的方法。

6.5.1　三萜类化合物的提取

传统提取方法一般根据三萜类化合物的溶解性不同，选取不同的有机溶剂对其进行提取。通常用乙醇或甲醇提取（图6-21）。

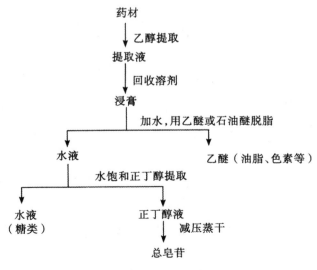

图6-21　醇提取法的基本流程

167

某些皂苷元含有羧基，可用碱性溶液提取（图6-22）。

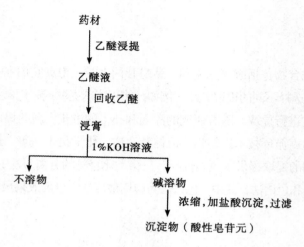

图6-22　碱提取法的基本流程

灵芝，别名三秀、菌或芝。2000多年前，灵芝就已经作为药物而应用于医疗领域，在《滇南本草》《神农本草经》《本草纲目》和《名医别录》等传统中医学著作中均有记载，自古以来人们一直把灵芝看作是滋补强身、扶正固本和延年益寿的珍贵药品。据统计在全球范围内，已发现超过250种灵芝品种，我国有69种，其他品种主要分布于热带及亚热带地区。灵芝中可以作为药用的部分包括子实体、孢子粉以及菌丝体。

随着科技的发展，灵芝的主要成分以及药理活性等方面的性质逐渐显现出来。与灵芝相关的保健品、药品和护肤品受到人们越来越多的关注。现代药效学的研究表明，灵芝中富含多种生物活性物质，除关键药效组分多糖类和三萜类以外，其主要的化学成分还有蛋白质类、氨基酸类、生物碱类、呋喃衍生物类、甾醇类、核苷类及微量元素等。随着现代分析方法的改进，关于灵芝活性成分的药效药理、化学成分的鉴定和构效关系的研究及有效成分的生物合成与调控等问题已成为科研学术界的热门研究。

研究表明，灵芝中含有化学成分200多种，种类繁多。灵芝三萜类化合物是灵芝的次级代谢产物，可将灵芝三萜类化合物作为鉴别灵芝品种以及鉴定灵芝品质的重要指标。灵芝三萜类物质具有促进血液循环、增强免疫力、对抗癌症、护肝、抑制组织胺释放、抗过敏、降血脂、抗炎、抗微生物、护肝以及安神等作用。

灵芝三萜成分是一种低极性的脂溶性化合物，具有较大的不稳定性。灵芝三萜成分在水中不易溶解，在有机溶剂中易溶解，通常采用甲醇、乙醇和三氯甲烷等有机溶剂，经高温回流提取，乙醇价格低廉，易于回收，且安全性较高，因此常采用乙醇为溶剂。

采用溶剂回流法、超声波法、微波法、超临界CO_2法等提取方法；目前的分离提纯方法有硅胶柱层析法、酸碱转化法、制备衍生物法等。已有研究将超临界CO_2提取法与传统醇提取法进行对比，结果表明，超临界粗提物及总三萜收率稍低于传统乙醇提取物，而三萜含量高于醇提法，HPLC结果显示，前者粗提物中三萜的种类较多。

6.5.2 三萜皂苷类化合物的分离

6.5.2.1 分段沉淀法

分段沉淀法是一种化学实验中用于分离和提取物质的常见技术。提取皂苷时，可以利用皂苷在不同溶剂或溶液条件下的溶解度变化，通过逐步调整溶液的成分，使目标物质逐渐从溶液中沉淀出来，例如，皂苷难溶于乙醚、丙酮等溶剂，但可溶于甲醇或乙醇，便可先将皂苷溶于少量的甲醇或乙醇中，然后加入乙醚或丙酮，经静置、过滤后即可得到皂苷。

6.5.2.2 色谱分离法

（1）吸附柱色谱法。根据吸附柱色谱所用吸附剂的性质，分为正相吸附柱色谱和反相吸附常用硅胶。样品上柱后，可用不同比例的混合溶剂进行梯度洗脱。反相色谱柱需用相应的反相薄层色谱来鉴定。

（2）高效液相色谱法。高效液相色谱常被用于三萜化合物的定性和定量分析。但三萜种类繁多，结构复杂，HPLC只能在有标准品的前提下进行定性和定量分析，对于总三萜含量的分析存在一定困难。

6.6 糖苷类成分的提取分离

6.6.1 多糖的提取分离方法

多糖一般可用热水提取。根据多糖具体性质的不同，也可用稀醇、稀碱、稀盐溶液或二甲基亚砜提取。另外，还可采取酶解法以及超声波或微波辅助提取的手段。多糖一般可用纯化法（沉淀法、膜分离法、蛋白质的去除等），分离方法（色谱法、电泳法等）进行分离。例如，图6-23所示为采用色谱法对灵芝中的多糖进行提取与分离。采用DEAE-SephadexA-25离子交换柱色谱和SepharoseCL-6B凝胶柱色谱分离纯化灵芝粗多糖，得到2个灵芝多糖二级组分。SepharoseCL-6B为交联琼脂糖凝胶，是琼脂糖凝胶和2, 3-二溴丙醇反应而成，增强了琼脂糖凝胶的物理化学稳定性，特别适合含有机溶剂的分离，能承受较强的在位清洗，可以高温灭菌，且流速明显高于传统的琼脂糖凝胶。

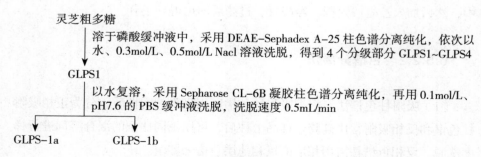

图6-23 灵芝粗多糖的提取与分离

图6-24所示为采用Sevag法蛋白质去除的沉淀法对枸杞中的多糖进行提取分离。其中，三氯甲烷-甲醇（2：1）回流提取用于脱脂。双氧水处理起脱色作用。除蛋白采用了经典方法Sevag法，条件比较温和，不易影响多糖活性。

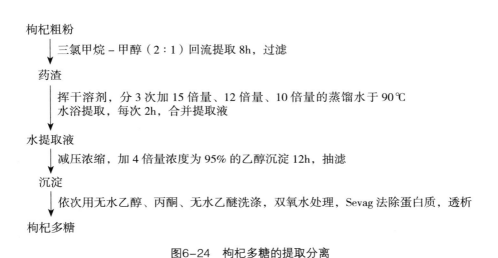

枸杞粗粉
↓ 三氯甲烷 – 甲醇（2：1）回流提取 8h，过滤
药渣
↓ 挥干溶剂，分 3 次加 15 倍量、12 倍量、10 倍量的蒸馏水于 90℃ 水浴提取，每次 2h，合并提取液
水提取液
↓ 减压浓缩，加 4 倍量浓度为 95% 的乙醇沉淀 12h，抽滤
沉淀
↓ 依次用无水乙醇、丙酮、无水乙醚洗涤，双氧水处理，Sevag 法除蛋白质，透析
枸杞多糖

图6-24 枸杞多糖的提取分离

图6-25所示为采用离子交换树脂法对刺五加中性多糖ASPS-1与酸性多糖ASPS-2进行提取分离。蛋白质是两性物质，可通过调节溶液pH而处于阴离子状态，增大阴离子交换树脂对其吸附性；色素含有酚类化合物，大多呈负性离子，因此采用D941阴离子交换树脂除蛋白和色素。此法工艺简单，易实现放大提取，为多糖类化合物的除杂提供了一个新思路。利用D941阴离子交换树脂还可同时去除其他一些能与阴离子树脂发生离子交换或能与树脂表面基团形成氢键的无机物和小分子有机化合物。

图6-26所示为采用胃蛋白酶与Sevag法联用加DE52柱色谱脱色法对黄芪中的多糖进行提取。蛋白酶与Sevag法联用去除蛋白质的方法，具有经济、快速、高效安全、样品损失小等优点，是一种比较有前途的方法，在多糖精制过程中发挥着越来越重要的作用。另有研究的前处理中采用的是提取后直接以DE52柱色谱脱色，但由于无法加热，脱色效果较差，本工艺采取DE52煮沸脱色，操作简便、效率高，且多糖损失低，但也存在再生困难、成本高等弊端，实际操作中需综合考虑选择。

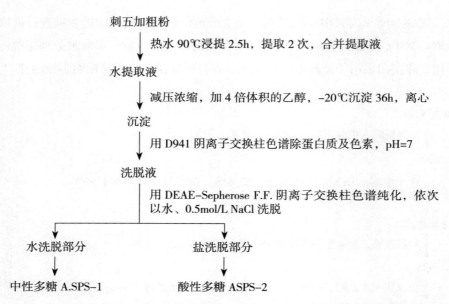

图6-25 刺五加中性多糖ASPS-1与酸性多糖ASPS-2的提取分离

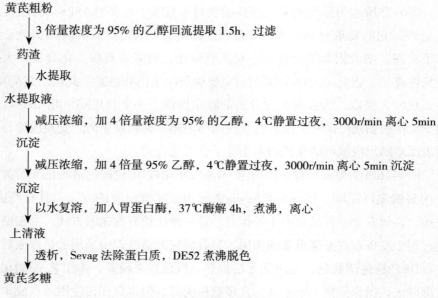

图6-26 黄芪多糖的提取分离

图6-27所示为采用乙醇提取法对商陆中的多糖进行粗提取，然后再采用蛋白质去除法对其进行分离。多糖极性大，提取前先用石油醚、乙醚分别回流脱脂，然后用热水抽提，再利用乙醇沉淀获得粗多糖。采用活性炭脱色及5%三氯乙酸沉淀除去蛋白质等方法纯化得到精制多糖。

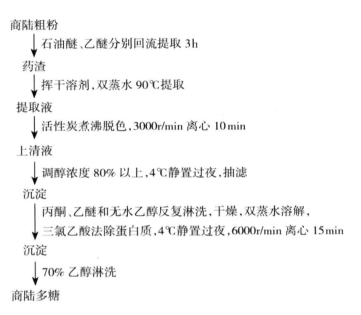

商陆粗粉
　↓ 石油醚、乙醚分别回流提取 3h
药渣
　↓ 挥干溶剂,双蒸水 90℃提取
提取液
　↓ 活性炭煮沸脱色,3000r/min 离心 10min
上清液
　↓ 调醇浓度 80% 以上,4℃静置过夜,抽滤
沉淀
　↓ 丙酮、乙醚和无水乙醇反复淋洗,干燥,双蒸水溶解,
　↓ 三氯乙酸法除蛋白质,4℃静置过夜,6000r/min 离心 15min
沉淀
　↓ 70% 乙醇淋洗
商陆多糖

图6-27　商陆多糖的提取分离

图6-28所示为采用水提法与柱色谱分离法对党参中的多糖进行提取分离。用多糖常规提取纯化方法制备党参粗多糖，并以DEAE纤维素柱色谱分离得到五个洗脱部分。在正式水提取前，先以95%乙醇提取，除去色素等脂溶性、小极性杂质。

图6-29所示为茯苓多糖的提取分离流程。DEAE柱色谱使分子量大小不同的多糖在分离过程中不断扩散和排阻，从而实现多糖的分级纯化。以上四种提取产物分别用Sevag法除去蛋白质，并结合透析法进一步纯化。

图6-30所示为采用冷水浸提法对山药中的多糖进行提取分离流程。本工艺采用冷水浸提法提取山药多糖，在多糖提取方面报道较少。与传统热水提取法相比，虽然提取率稍低，却避免了由于温度高而引起的多糖的降解，并可相应减少提取液中淀粉、蛋白质等杂质的含量，因此具有一定的优势。

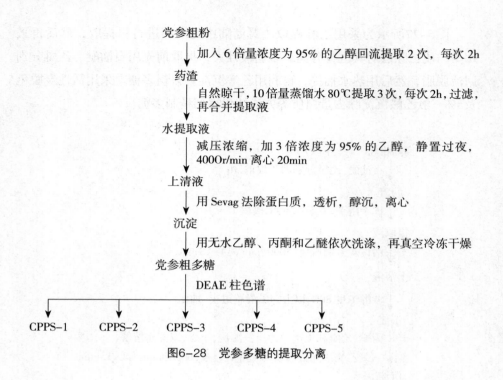

图6-28 党参多糖的提取分离

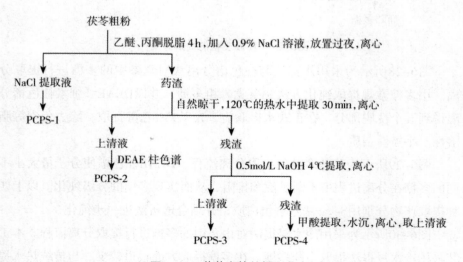

图6-29 茯苓多糖的提取分离

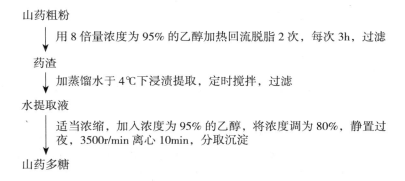

图6-30　山药多糖的提取分离

图6-31所示为马勃中的多糖提取分离流程。马勃多糖的提取采用经典的水提取方法，并结合透析纯化以及经典的Sevag法除蛋白质。醇沉后得到粗多糖，继而通过DEAESepharoseF.F.柱色谱得到分级的各多糖洗脱部分。

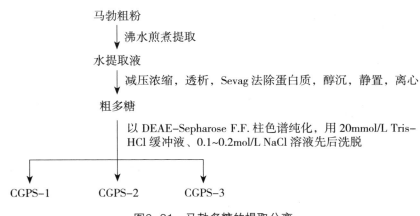

图6-31　马勃多糖的提取分离

图6-32、图6-33所示为采用水提醇沉法对玉竹中的酸性、中性多糖进行提取分离。图6-32中玉竹粗多糖依次经过大孔树脂、分级醇沉、DEAE-52柱色谱和SephadexG-100柱色谱的分离纯化，得到主要酸性多糖级分。洗脱需在碱性条件下进行。图6-33中采用水提醇沉经典方法提取总多糖，通过DEAE-52纤维素柱色谱和SeSepharoseCL-6B柱色谱分离纯化，得到一种玉竹中性多糖。

玉竹粗粉

　　↓　脱脂，水提取，AB-8 大孔吸附树脂柱色谱洗脱脱色，浓缩

玉竹粗多糖

　　↓　依次以浓度为 25% 的乙醇、浓度为 35% 的乙醇、浓度为 60% 的乙醇、
　　　　浓度为 80% 的乙醇分级沉淀

80% 乙醇醇沉组分

　　↓　Sevag 法除蛋白质，透析，用 DEAE-52 柱色谱纯化，依次以水，0.1mol/L、
　　　　0.2mol/L、0.5mol/L、0.8mol/L NaCl 及 0.1mol/L NaOH 洗脱

0.1mol/L NaCl 洗脱液

　　↓　用 Sephadex G-100 柱色谱纯化，以 0.1mol/L NaCl 洗脱

玉竹酸性多糖

图6-32　玉竹酸性多糖的提取分离

玉竹粗粉

　　↓　6 倍量 80℃水提取 3 次，每次 1h，过滤，合并滤液

水提取液

　　↓　减压浓缩，加入乙醇至含醇量达到 80%，4℃放置过夜，8000r/min 离心
　　　　15min

沉淀

　　↓　用 DEAE-52 柱色谱纯化，依次以水、0.2mol/L NaCl、0.5mol/L NaCl 洗脱

水洗脱液

　　↓　用 Sepharose CL-6B 柱色谱洗脱

玉竹中性多糖

图6-33　玉竹中性多糖的提取分离

　　图6-34所示为采用超声波法对龙眼肉中的多糖进行提取分离。超声波提取法与传统的热水浸提法相比具有提取率高、耗能低、时间短等优点，且可克服传统的热水浸提法高温易引起多糖结构改变的缺点。采用蛋白酶水解法除多糖中的蛋白，操作简单、节省时间，还可提高多糖得率和脱蛋白效率。

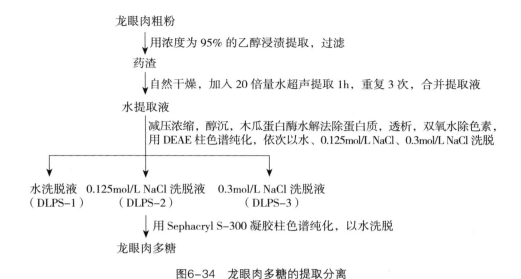

图6-34 龙眼肉多糖的提取分离

图6-35所示为采用酶解法对金樱子中的多糖进行提取分离。采用纤维素酶对金樱子进行提取，旨在裂解β-D-葡萄糖苷键，破坏植物细胞壁，有助植物有效成分的浸出，以提高多糖的提取率。正交实验结果表明，酶解最优工艺条件：酶解时间为140min、酶解温度为65℃、酶添加量为594U/g。

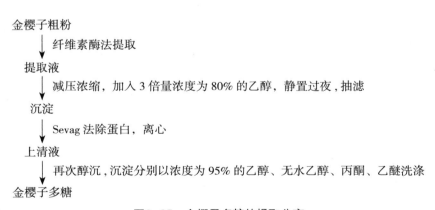

图6-35 金樱子多糖的提取分离

图6-36所示为鸡骨草多糖的提取分离流程。通过热水提取乙醇醇沉，制得粗多糖。先后以Sevag法除蛋白、D353FD树脂脱色、DEAE-Cellulose-52柱色谱分离纯化，最终得到鸡骨草的中性多糖组分和酸性多糖组分。

D353FD树脂是一种聚苯乙烯大孔结构的弱碱性阴离子交换树脂，具有较大的孔径和比表面积以及优良的机械强度，吸附率一般可达80%～95%，洗脱率可达95%以上，特别适合于在糖液中除盐和脱色。

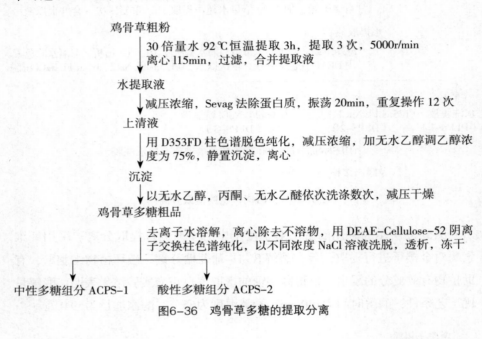

图6-36　鸡骨草多糖的提取分离

牵牛子作为一种植物，被广泛用于中草药的制备。其中的多糖类成分具有多种生物活性，如抗氧化、抗炎症等。

（1）提取。

①溶剂回流提取。首先，1kg的干燥牵牛子经过浓度为95%的乙醇的回流提取。在高温条件下，乙醇充分溶解了牵牛子中的多糖成分，形成提取液。此步骤旨在最大限度地将多糖提取出来。

②过滤和煎煮。提取液经过过滤，将固体残渣与提取液分离。药渣再次以水进行煎煮，冷却后通过过滤，将水提取的液体与乙醇提取的液体合并，以充分收集多糖。

③沉淀收集和冷冻干燥。向合并的提取液中加入足够的95%乙醇，使其终浓度达到85%。这一步骤旨在沉淀多糖。收集沉淀后，通过冷冻干燥的方法将其转化为牵牛子粗多糖，得到182g。

（2）分离纯化。

①制备多糖溶液。从牵牛子粗多糖中取出20g，加入蒸馏水，使其溶解成终浓度为5%的多糖溶液。这一步是为了在后续的色谱柱操作中得到更好的分离效果。

②阴阳离子交换树脂柱分离。通过Amberlite FPA90-Cl⁻（5cm×50cm）+Amberlite IRC-84（5cm×50cm）阴阳离子串联树脂柱，将多糖溶液进行分离。这种串联树脂柱的设计可有效去除多糖中的杂质，得到水洗脱部位。

③离子交换色谱分离。将水洗脱部位经过DEAE-Cellulose DE-52（3.5cm×50cm）0.4mol/LNaCl水溶液洗脱，进一步分离纯化。DEAE-Cellulose是一种离子交换色谱固定相，通过不同离子的吸附和洗脱，分离出更纯净的多糖成分。

④凝胶色谱分离。通过Sephacryl S-400（1.6cm×75cm）凝胶色谱柱水洗脱，进一步进行分离纯化。Sephacryl S-400是一种分子筛固定相，能够根据分子的大小将多糖进一步纯化。这一步骤得到282mg的牵牛子均一多糖，并命名为PNP-5（Pharbitis nil polysaccharide-5）。

新疆一枝蒿作为一种植物资源，被广泛用于中草药的开发。其中，粗多糖是一枝蒿中的重要有效成分之一，具有多种生物活性。学者覃睿[81]利用复杂的提取路线，成功地从新疆一枝蒿中提取出粗多糖，并利用两种工艺方法（Sevag法和反复冻融法）成功地实现粗多糖提取物脱蛋白，达到进一步精制。这为深入研究新疆一枝蒿中的多糖成分及其应用提供了可靠的基础。这些工艺方法的选择和优化，为该植物有效成分的提取和分离提供了有益的参考。

6.6.2　皂苷的提取分离

皂苷的提取可采用煎煮法、回流法、浸渍法、罐组逆流提取法、闪式提取法、生物酶解提取法、超声提取法、仿生提取法、超临界流体提取法、超高压提取法等。

皂苷分离纯化的传统方法包括分段沉淀法、胆甾醇沉淀法、溶剂分离法和泡沫分离法等，为了提高皂苷的分离效率，常用到一些皂苷分离纯化新技术，例如大孔树脂色谱法等。

例如，薯蓣皂苷的提取方法丰富多样。Jiang等[82]、杨鹏飞等[83]、唐俊等[84]、赵卓雅等[85]分别使用磁性固体酸、加压提取法、纤维素酶、酶处理结合超声波提取法等成功提取出薯蓣皂苷，并达到了良好的得率。

6.7　挥发性成分的提取分离

挥发油又称精油，广泛分布在植物界中，常温下易挥发。研究发现，挥发油多具有止咳、祛痰等作用。挥发油具有挥发性、芳香和特定气味的特点。挥发油在香料、药物、食品和化妆品等领域都有广泛的应用。挥发油成分与原料产地、品种、生长环境有重要关系。

6.7.1　挥发油的化学成分与生物活性

6.7.1.1　挥发油的化学成分

因产地、采收季节、加工方法、提取方法或提取部位的不同，挥发油成分及其含量存在一定差异。挥发油的化学成分大致可分为以下几类。

（1）萜类化合物。萜类化合物是分子骨架以异戊二烯为基本结构单元，且分子式符合$(C_5H_x)_n$通式的化合物及其衍生物。根据异戊二烯单元的数目可分为单萜、倍半萜等。

单萜：分子中含有两个单位的异戊二烯结构，一般是挥发油中沸点较低部位的主要组成，水蒸气蒸馏提取前30min所得馏分中基本上以单萜类为主。

倍半萜：由3个异戊二烯单位聚合而成，其沸点与单萜相比，相对较大，水蒸气蒸馏30min后，所得馏分中倍半萜的种类及含量逐渐增加，单萜类化合物的含量逐渐减少。根据分子中碳环的数目不同，可分为无环倍半萜、单环倍半萜、双环单萜和三环倍半萜。

（2）酮类化合物。挥发油中酮类化合物的分类如下，其中萜烯酮是单萜和倍半萜含氧化合物的结构类型。

无环脂族酮：2-戊酮、3-戊酮、4-甲基-2-戊酮、2-癸酮、2-十二烷酮、2-十四酮、香叶基丙酮、六氢假紫罗酮等。

脂环酮：异佛尔酮、2,6,6-三甲基-2-环己烯-1,4-二酮、2-环己烯-1-酮等。

芳香族酮：邻甲基苯乙酮、大茴香基丙酮、对甲基苯乙酮等。

萜烯酮：樟脑、香芹酮、左旋香芹酮等。

（3）醇类化合物。挥发油中醇类化合物的分类如下，其中萜烯醇是单萜和倍半萜含氧化合物的结构类型。

无环脂族醇：2-戊醇、正己醇、1-辛烯-3-醇、2-甲基-1-丁醇、叶绿醇等。

脂环醇：木兰醇、雪松醇、新铃兰醇等。

芳香族醇：苯乙醇、桂醇、苯丁醇、苯丙醇等。

萜烯醇：龙脑、异龙脑、（S）-顺马鞭草烯醇、α-松油醇、橙花醇、红没药醇氧化物A等。

（4）醛类化合物。挥发油中醛类化合物的分类如下，其中萜烯醛是单萜和倍半萜含氧化合物的结构类型。

无环脂族醛：己醛、2,4-癸二烯醛、2-己烯醛、十六醛、正辛醛等。

脂环醛：2,2-二甲基-3-（2-甲基-1-丙烯基）环丙甲醛等。

芳香族醛：苯甲醛、苯乙醛、2,4-二甲基苯甲醛、4-苄氧基苯甲醛等。

萜烯醛：龙脑烯醛、（+，-）-1,3,3-三甲基环己-1-烯-4-甲醛、2,3-二氢-2,2,6-三甲基苯甲醛。

（5）羧酸及酯类，如下所示。

羧酸类：异戊酸、辛酸、正癸酸、棕榈酸、正壬酸、月桂酸、苯甲酸等。

萜烯酸：2，4，6-三甲基-3-环己烯-1-羧醛、橙花酸、甲酸异莰酯等。

脂肪族羧酸酯：癸酸异丁酯、癸酸3-甲基丁酯、十三烷酸甲酯、十一酸甲酯、肉豆蔻酸甲酯等。

芳香族羧酸酯：柳酸甲酯、邻苯二甲酸丁基酯2-乙基己基酯、异戊酸苯乙酯、辛酸-2-苯乙酯、邻苯二甲酸二丁酯等。

（6）醚类、酚酸和环氧化物，如下所示。

醚类：苄基苯基醚、2-甲基苯甲醚、香芹酚甲醚等。

酚类：香芹酚、3-异丙基苯酚、2-甲酚、2，4-二叔丁基苯酚等。

环氧化物：2-甲基四氢呋喃、2,5-二甲基四氢呋喃、3,3-二甲基乙氧等。

（7）其他烃类化合物，如下所示。

烷烃类：2，2-二甲基戊烷、环己烷、3-甲基己烷、十三烷、甲基环戊烷等。

烯烃类：1-甲基环戊烯、2-甲-1-戊烯、1,3,5-环庚三烯1甲基环己烷-1，3-二烯、2-甲基-2,4-己二烯、3,4-壬二烯、3,3-二甲基-6-亚甲基环己烯等。

芳烃类：邻二甲苯、1，2，3-三甲苯、邻乙基甲苯、2,4-二甲基苯乙烯等。

（8）其他类型的化合物。除此之外，挥发油化合物中还含有含硫和含氮等化合物。

6.7.1.2　挥发油的生物活性

（1）抑菌。采用纸片扩散法、最小抑菌浓度测定法和杀菌曲线法研究菊科植物（Osmitopsis Asteriscoides）挥发油及其成分对金黄色葡萄球菌、绿脓杆菌和白色念珠菌的抑菌作用。结果表明，三种方法得出的结果有一定的相关性。杀菌法结果显示，其挥发油对真菌白色念珠菌起到显著的抑菌作用；对金黄色葡萄球菌的抑菌作用呈浓度依赖性；对绿脓杆菌能够快速减少活菌数，但在作用240min后，细菌呈现重新成长的趋势。其挥发油主要成分樟脑和1，8-桉叶素起到协同抑菌的作用。通过体内和体外实验，研究菊科植物毛莲蒿挥发油及其主要成分（诱杀烯醇和1，8-桉叶素）的抑菌作用。挥发油的最小抑菌浓度（MIC）值为20μg/mL，两种主要成分的MIC分别为130μg/mL和200μg/mL；毛莲蒿挥发油（给药量为每只小鼠100μg）和诱杀烯醇（给药量为每只小鼠135μg）可以明显地减少小鼠肺中活菌细胞数目（$P<0.01$），且此浓度每天给药两次，连续9天，对实验小鼠没有产生任何毒副作用，故体内体外实验表明，毛莲蒿挥发油和其主要成分诱杀烯醇可以显著地抑制链球菌的生长。香芹酚能够诱导热休克蛋白60在菌体内的表达，在过夜培养中能够防止大肠杆菌O157：H17中鞭毛蛋白的生长。另有研究发现，紫色野菊挥发油对抗生素耐药的肺炎链球菌有显著的抑制作用。

（2）抗肿瘤。研究显示，菊科植物挥发油对人肝癌细胞、黑色素瘤细胞、人口腔表皮样癌细胞、人肺腺癌细胞、鼠胶质原细胞、鼠卵巢细胞、鼠精原干细胞和成骨细胞等细胞有一定的抑制作用。

开展不同提取方法得到的菊科植物鹅不食草挥发油对人鼻咽癌细胞的作用研究，MTT结果表明，两种挥发油作用24h、48h和72h后，水蒸气蒸馏的IC_{50}（56.6mg/mL、8.7mg/mL、5.2mg/mL）低于超临界流体萃取法得到的挥发油（123.5mg/mL、97.1mg/mL、83.3mg/mL）；机制研究显示，超临界流体萃取法得到的挥发油是通过调节Bcl-2家族蛋白的表达、导致线粒体的功能障碍和阻止细胞色素C释放到胞质等途径来诱导人鼻咽癌细胞的凋亡。菊科植物挥发油对小鼠黑色素瘤细胞（B16F10）和人结肠癌细胞（HT29）有显著的抑制作用，且不影响正常细胞，IC_{50}分别为(7.47 ± 1.08)μg/mL和(6.93 ± 0.77)μg/mL。通过MTT、流式细胞术、琼脂糖凝胶电泳和Hoechst33258染色实验表明，日本野菊对人口腔表皮样癌细胞有一定的抑制作用。除此之外，菊科植物挥发油对人肺腺癌细胞（A549）、鼠胶质原细胞（C-6）和鼠卵巢细胞（CHOK1）、鼠精原干细胞以及成骨MC3T3-E1细胞也具有一定的抑制作用。

（3）镇痛。通过GC-MS分析、醋酸扭体法和热板法实验发现，菊科植物狗舌草挥发油对醋酸诱导的小鼠扭体反应有显著的抑制作用；热板法实验结果显示，挥发油的给药量达到50mg/kg和75mg/kg时，与空白对照组相比，能显著提高小鼠的痛阈值；该研究还认为，挥发油对中枢和外周的疼痛抑制作用归功于其所含的萜烯类化合物（右旋大根香叶烯、β-蒎烯、β-石竹烯和β-长叶蒎烯）。除醋酸扭体法和热板法外，利用福尔马林致痛实验研究菊科植物龙蒿草挥发油的镇痛作用，龙蒿草挥发油（100mg/kg、300mg/kg）能够显著地降低一期（59.5%、91.4%）和二期（52.5%、86.3%）的疼痛响应。另有研究发现，菊科植物台湾菝葜挥发油及其所含的单萜、芳香酯和苯甲酸酯化合物具有镇痛作用。

（4）驱虫。野菊挥发油及其成分母菊薁对赤拟谷盗和小圆皮蠹具有显著的杀灭和防护作用，且对后者的效果优于前者。菊科植物挥发性成分中的醛类化合物（安息香醛、辛醛、壬醛、癸醛、反式-2-癸醛、十一醛和十二醛）、醇类化合物（癸醇和反式-2-癸烯醇）和α-细辛脑显示很强的杀灭松材线虫的作用。有学者研究菊科植物挥发油中1，8-桉叶素对埃及伊蚊的抗叮咬和产卵驱避作用，研究显示，1，8-桉叶素虽然本身没有明显的杀蚊作用，但其对埃及伊蚊具有一定的抗叮咬和较强的驱避产卵功效，且与苯并吡喃衍生物联合使用展现出很显著的杀蚊作用。此外，菊科植物挥发油对锥体虫、螨虫、裂体吸虫和蜱虫等均有一定的抑制作用。

（5）抗病毒。绵杉菊挥发油对单纯疱疹病毒1（HSV-1）和单纯疱疹病毒2（HSV-2）均有一定的抑制作用，通过空斑抑制实验测得IC_{50}分别为0.88mg/mL、0.7mg/mL，且认为其是通过直接灭活病毒途径实现抗病毒作用。实验还表明，绵杉菊挥发油可以抑制HSV-1和HSV-2的细胞间病毒的传播。

（6）抗炎。菊科植物大吴风草挥发油可以明显地降低脂多糖诱导激活的RAW264.7中的一氧化氮和前列腺素E2的产生，且挥发油浓度的降低影响诱导型一氧化氮合酶（iNOS）和环氧合酶-2（COX-2）mRNA的表达；通过对人成纤维细胞和胶质细胞的MTT实验结果表明，其挥发油（100mg/mL）对这两种正常细胞显示出较低的细胞毒性。

6.7.2　挥发性化合物的提取分离

以前通常采用水蒸气蒸馏法对挥发性化合物进行提取分离，随着科技的发展，目前逐渐运用超临界流体萃取法、微胶囊双水相提取法等。

6.7.2.1 水蒸气蒸馏法

水蒸气蒸馏有两种：共水蒸馏和通水蒸气蒸馏。此法操作简单、方便，但提取时的高温易使一些热敏性和不稳定成分遭到破坏，且香气差异较大。

6.7.2.2 超声波提取法

超声波作为一种提取辅助手段，具有提高提取率、缩短提取时间以及简化操作步骤的优势。在含笑叶挥发油提取过程中，应用超声波提取法，并进行工艺优化和化学成分分析，最终实现了挥发油的高效提取，其收率达到了2.48%，成功鉴定出42种成分。分别采用超声波提取法、水蒸气蒸馏法与有机溶剂提取法对高良姜挥发油进行提取，对比研究结果表明，超声波辅助提取挥发油具有省时、成分优越等诸多优点。这表明超声波提取法在挥发油提取中展现了显著的优势，为提高提取效率和保留挥发油良好成分提供了一种有效的方法。

6.8 有机酸类成分的提取分离

有机酸是指一些具有酸性的有机化合物，常见的有机酸主要是羧酸，其酸性主要来源于有机酸中的羧基（—COOH）、磺酸基（—SO_3H）、亚磺酸基（—SOOH）、硫羧酸基（—COSH）等。在过去很长的一段时间里，研究者们对中药有效成分的研究主要针对黄酮、皂苷、生物碱等活性成分，有机酸并不被重视。近年来随着天然药物学、药理学的不断研究以及化学分析分离技术的不断提高，已经在中药中发现了部分具有药理活性的有机酸成分，在文献中常报道的有机酸成分主要有咖啡酸、绿原酸、丁香酸、熊果酸、没食子酸、齐墩果酸、原儿茶酸等。

有机酸的常见药理活性有抗炎、抗氧化、抑制血小板聚集、抗血栓和内皮细胞过氧化损伤保护作用等。近年来对其进一步的研究，也为有机酸的应用和发展提供了理论依据。目前针对有机酸最常见的分离提纯以及定性定量方法主要包括毛细血管电泳法、离子色谱法、超声辅助离子色谱法、高效液相色谱法，其中高效液相色谱法是各种分析技术对中草药有机酸成分测定中最成熟的方法。表6-1列出近年来利用高效液相色谱法及其联用技术在分析有机酸化合物中的应用。

表6-1　高效液相色谱法测定有机酸化合物

待测物	样品	方法
草酸、酒石酸、苹果酸等	青梅	HPLC
绿原酸、咖啡酸、3,5-二咖啡酰奎尼酸	金银花	RP-HPLC
焦谷氨酸、乳酸、苹果酸等	酱油	SPE-HPLC
酒石酸、抗坏血酸、丙酮酸等	山楂	HPLC
草酸、琥珀酸、柠檬酸等	山楂	MSPD-HPLC
绿原酸、齐墩果酸、乌索酸等	对萼猕猴桃	HPLC-MS
阿魏酸、棕榈酸等	大川芎	UPLC-ESI-QTOF
柠檬酸、原儿茶酸、异柠檬酸等	五味子	UPLC-ESI-TOF/MS
草酸、酒石酸、苹果酸等	赤雹果	HPLC

6.9　茄尼醇粗品的提取分离

茄尼醇是一种三倍半萜烯醇，具有抗溃疡、降血压的作用，同时是一种重要的医药中间体，是合成辅酶Q_{10}和维生素K_2、抗癌及治疗心血管疾病的重要原料。茄尼醇的传统提取方法是以黄种烟叶为原料，用正己烷作抽提剂，经皂化、离心、萃取等方法精制得到高纯度产品，也有采用微波萃取、超临界萃取等方法提取的。本节以齐齐哈尔产烟叶为原料，分离得到了茄尼醇纯品，并对茄尼醇的提取工艺进行研究，得出了茄尼醇粗品提取的较佳工艺条件。

6.9.1　茄尼醇的分离纯化

取32.9g干燥烟叶，粉碎，分别用135mL石油醚浸泡三次，经过滤、减压蒸干得到石油醚提取物680.0mg。将该提取物上硅胶柱分离（湿法上样，用石油醚/乙酸乙酯=9/11000mL洗脱），通过TLC分析，收集200~400mL部分，浓缩蒸干，得到浅黄色酯状物62.4mg。用乙酸乙酯/丙酮=1/1的混合溶剂在零下20℃重结晶，得到微黄色酯状茄尼醇固体59.5mg。

6.9.2　茄尼醇粗品提取工艺研究

6.9.2.1　不同液固比对茄尼醇粗品提取率的考察

将干燥的烟叶粉碎后，分成两组，每组8份，每份15.0g，一组分别加入60mL、100mL、140mL、180mL、220mL、260mL、300mL、500mL的正己烷，另一组依次加入同样体积的正己烷与乙酸乙酯（V/V=98/2）的混合液，室温静止47h，过滤、蒸干，得到干燥茄尼醇粗品，称量质量。以上实验重复两次。

6.9.2.2　不同浸泡时间对茄尼醇粗品提取率的考察

将干燥烟叶粉碎后称取8份，每份5.0g，分别加入50mL正己烷，室温下静止浸泡，8份烟叶的浸泡时间分别为6h、11h、16h、21h、26h、31h、36h、72h，经过滤、蒸干、得到干燥茄尼醇粗品8份，称取质量，重复以上实验两次。

6.9.2.3　提取总量实验

取两份干燥烟叶，每份5.0g，粉碎，分别用正己烷、正己烷/乙酸乙酯（V/V=98/2）50.0mL室温下静止浸泡提取6次，每次24h，过滤后，合并每次所得浸泡液，蒸干，得两种溶剂体系提取的茄尼醇粗品。

6.9.2.4　水洗实验

干燥烟叶222.2g，加蒸馏水将烟叶没过，超声提取1.5h，过滤除去滤液，滤出固体烟渣，干燥（洗涤后烟叶干重138.2g）待用。分别取5.0g水洗后的干燥烟叶及未水洗干燥烟叶，粉碎，使用50mL正己烷作提取溶剂，超声辅助萃取3次，每次3.5h，过滤蒸干，分别得到两种茄尼醇正己烷粗提物。

6.9.3　结果与讨论

6.9.3.1　茄尼醇的结构鉴定及定性分析

上述分离得到的淡黄色酯状固体，mp39.4~41.6℃，^{1}H–NMR（CDCl$_3$）δ 5.42（1H，t，J=6.9Hz），5.12（8H，t，J=6.9Hz），4.16（12H，d，J=6.9Hz），1.96~2.13（32H，m），1.68（6H，s），1.60（24H，s）。以上数据与夏薇等人[86]研究的茄尼醇完全一致，确定该微黄色酯状固体为目标物茄尼醇。

以上结果表明，齐齐哈尔产烟叶中含有目标产物茄尼醇，粗提物通过硅胶柱分离以及重结晶操作，可以制得精品茄尼醇，占粗提物的8.75%，占干燥烟叶总重的0.18%。

以结晶后得到的纯品茄尼醇为标样，用TLC对粗品进行分析，确定分析条件为：用正己烷/乙酸乙酯8/2作展开剂，碘蒸气显色，茄尼醇纯品的R_f值为0.67。

6.9.3.2 茄尼醇的稳定性

纯品茄尼醇无论在室温还是在低温（-20℃）放置一段时间后，重新用 TLC分析，当R_f=0~6.7时，出现许多原来不存在的物质，证明纯品茄尼醇储存稳定性较差，而粗品稳定性较好。

6.9.3.3 茄尼醇粗品提取率的影响因素

（1）液固比对茄尼醇粗品提取率的影响。实验结果如图6-37、图6-38所示。将两次实验结果取平均值，用液固比对提取率作图。由图可知，浸提溶剂液固比对茄尼醇粗品提取率有较大影响，粗品提取率随液固比的增大而增大，当液固比增大至20mL/g以后，相对应的粗品提取率的增加较为缓慢，液固比成多倍增加时，粗品提取率也没有明显的增加。当提取溶剂液固比为20mL/g时，两种溶剂的提取率已分别达到93.1%与94.6%，因此，综合考虑各种因素，确定使用正己烷或使用正己烷/乙酸乙酯（V/V=98/2）的混合溶剂提取茄尼醇粗品的较佳液固比为20mL/g。

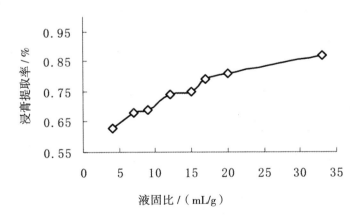

图6-37 液固比对粗品提取率的影响（溶剂为正己烷）

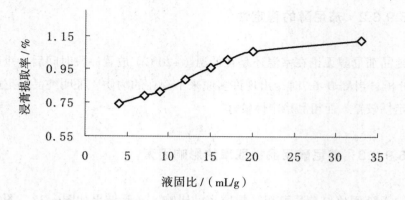

图6-38 液固比对粗品提取率的影响[溶剂为正己烷/乙酸乙酯（V/V=98/2）]

（2）浸泡时间对茄尼醇粗品提取率的影响。使用正己烷为提取液，在液固比为10mL/g时，浸泡时间对提取率的影响如图6-39所示。可以看出不同浸泡时间对提取率有较大影响，粗品提取率随浸泡时间的增加迅速增大，当浸泡时间超过21h以后，粗提物提取率的增大较为缓慢，浸泡时间多倍增加，粗品提取率没有明显增加。当浸泡时间为21h时，提取率已经达到94.4%（在其他的液固比时也得到同样的结果，如图6-40所示）。综合考虑各种因素，在正己烷提取过程中，确定21h的浸泡时间为较佳浸泡时间。

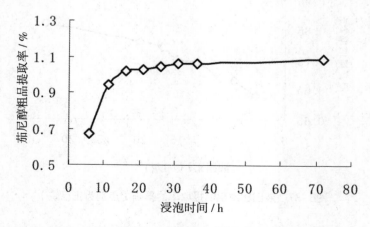

图6-39 浸泡时间对茄尼醇粗品提取率的影响（10mL/g）

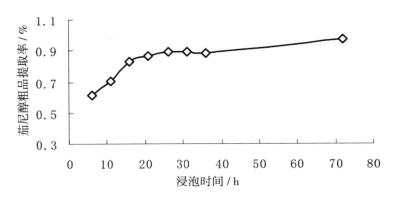

图6-40　浸泡时间对茄尼醇粗品提取率的影响（20mL/g）

（3）提取溶剂及提取方法的影响。在其他条件相同的情况下，分别使用正己烷、正己烷/乙酸乙酯（V/V=98/2）对干燥烟叶进行浸泡提取，制取的茄尼醇粗品分别占烟叶干重的1.6%及2.1%。以上实验结果表明：与正己烷提取率相比，正己烷/乙酸乙酯（V/V=98/2）混合溶剂提取率明显增加（乙酸乙酯的加入量超过2%以后，虽然提取量迅速增加，但粗提物中茄尼醇的含量明显降低），说明加入少量的乙酸乙酯，有利于茄尼醇粗品提取率的提高。

将水洗、干燥后的烟叶与未水洗的烟叶用同样方法提取茄尼醇粗品，得到茄尼醇粗品含量分别占烟叶重量的1.8%和1.1%。将两部分茄尼醇粗品进行TLC分析，水洗后的烟叶粗提物茄尼醇含量明显增高。

6.9.4　结论

通过硅胶柱层析、重结晶等操作，对烟叶石油醚粗提物进行分离，可以得到精品茄尼醇。增加烟叶水洗过程可以提高茄尼醇粗品的产量和质量。使用正己烷提取时，加入少量的乙酸乙酯可以提高茄尼醇粗品提取率。综合考虑各种因素，液固比以20mL/g为宜，浸泡时间以21h左右为佳。

第7章 微生物天然产物有效成分的提取分离技术与方法

　　天然产物是一类重要的次级代谢产物，其结构与化学组成十分复杂，需要以其他小分子为底物，通过催化反应才能获得。天然产物在种类、结构及功能上都具有很大的多样性。近年来，天然产物已被广泛用于药物研发和代谢的研究，已有上千个品种用于治疗、化妆品、农药等。花生四烯酸是一种重要的抗肿瘤活性物质，能通过希瓦氏菌（Ac10）在低温条件下产生，具有抗肿瘤、防治心脑血管疾病的作用。海洋因高盐、高压、缺氧和光照不足而形成的独特生存环境，使得海洋微生物拥有与陆地微生物不同的代谢路径，并能产生多种结构新颖的天然产物，是天然产物的重要宝库。例如，海洋链霉菌TP-A0879，其合成的聚酮类成分为γ-内酯，对肿瘤细胞的侵袭转移具有显著的抑制作用。从这一点可以看出，天然产物在医药治疗、农业上对害虫进行预防和控制，也可以作为药物的模板和引导物。如在灰黄青霉（*Penicillium griseofulvin*）培养液中获取的灰黄霉素（griseofulvin），是一种含氯代谢产物，棘球白素类化合物是由真菌产生的一类脂肽，在此基础上又半合成了卡泊芬净、米卡芬净等上市使用，唑类药物的原形为放线菌的代谢产物氮霉素。

7.1　微生物多糖类化合物的提取分离

7.1.1　真菌多糖的提取分离

真菌作为独特的天然资源，含有丰富的蛋白质、多糖、脂质、维生素等成分。常见真菌有香菇、木耳、灵芝、茯苓等。其中多糖是真菌中最重要的活性成分之一。现如今，真菌多糖广泛应用于化妆品、食品、保健品和药品等。根据多糖的分布和定位，可分为胞内多糖和胞外多糖。胞外多糖可以直接从真菌发酵培养基中用乙醇沉淀法获取，而胞内多糖需从真菌子实体、菌丝体或孢子体中提取。真菌子实体既可以通过野生资源获得，也可以通过人工培养获得。发酵菌丝体是在人工液体培养基中发酵培养真菌菌株获得的一类资源。

多糖是一种极性大分子物质，通常不溶于有机试剂，溶于水，因此，热水浸提成为最常用的萃取方式之一，其方便易行，设备简单。另外还有稀碱法可以提取多糖，但稀碱溶液易造成真菌的结构受损，影响多糖的提取率。除了这些传统溶剂提取方法以外，还有超声辅助法、微波辅助提取法、酶辅助提取法、超高压辅助提取法等方法现也有广泛应用。提取出的粗多糖含有多种杂质，如色素、蛋白质、脂质等物质。因此，在获取真菌粗多糖时，还会有除脂、除蛋白、除色素等操作。粗多糖一般采用乙醇和乙醚或石油醚的混合溶液进行脱脂。除蛋白常规方法有三氯乙酸（TCA）法、Sevage法和酶解法，用考马斯亮蓝（Bradford）法、二辛可酸（BCA）法或紫外分光光度计全波段检测蛋白含量，然后用过氧化氢法进行脱色。这些除蛋白方法在多糖提取中已被多次使用。

在提取多糖时，如果有多种因素会影响多糖的提取效率，则需要对真菌多糖的提取条件进行优化。常用的优化实验设计方法有PB设计法（Plackett-Burman Design，PBD）和响应面分析法——Box-Benhnken Design（BBD）。PBD法主要应用于对考察指标产生影响的因素较多，从中快速且有效地筛选出其中影响较大的几个重要因素，用每个因素的两水平进行实验数据分析，通过比较两水平间的差异性来确定因子的显著性，不能分析交互作用，但可以筛选出重要因子。BBD实验针对已选出的2~5个影响因子，每个因子取三水平进行实验数据分析，根据实验结果方程分析各个因素之间的主要作用和交互作用，并且会在一定区域内预测各因素的最佳参数。因此可以看出，当已明确产生影响的重要因素，且满足因素数量为2~5个时，可以选用BBD实验设计，不仅能够分析出各因素的最佳参数，还能够分析各个因素之间的交互效应。

多糖类物质结构复杂，其中包含了不同分子量的中性多糖和酸性多糖，因此粗多糖的组分具有不均一性。多糖分离纯化的原理是获得低分散并且电荷均一的多糖，后续才能对结构进行解析，分析其活性功能。所以粗多糖的分离纯化对获得均一组分的多糖、鉴定结构特征、测定多糖的生物活性有重要的意义。因此，需要通过不同的柱层析对粗多糖进行进一步的纯化。离子交换层析使用的固定相是表面有离子基团的离子交换剂，带有负电荷的固定相分离阳离子，带有正电荷的固定相分离阴离子，如DEAE-纤维素52和DEAE-SephadexA-25等。经过离子交换层析获得的多糖，可用凝胶柱层析法进一步纯化，凝胶层析法是依据各组分的相对质量大小进行分离，如SephadexG-100或SephadexG-200，该法是分离出具有分子量均一的多糖组分的关键。

7.1.2　虫草属真菌多糖的分离纯化

虫草属真菌隶属于真菌界、真菌门、子囊菌纲、麦角菌目、麦角菌科、虫草属，主要寄生于昆虫、蛛类、大团囊菌、麦角菌等。虫草属真菌是独特的珍贵药用真菌，历史悠久，是我国传统名贵中药。多糖是从虫草菌中分离出来的一种具有广泛生理活性的活性物质。但是，一些真菌子实体数量稀少、价格高，其多糖是从人工真菌子实体中分离得到的。

虫草属真菌多糖，根据其来源可划分为菌丝胞内、菌丝胞外及子实体多糖。虽然采用热水萃取法提取虫草菌多糖是一种常用而简单的方法，但是存在加热温度高、提取时间长、提取效率低等问题。亚临界水提取法、超高压提取法、微波提取法和超声提取法是目前较常用的提取法。其中，超声辅助提取由于其特有的超声力学作用，特别是超声空化作用所形成的剪切力，已成为虫草菌多糖提取领域的研究热点。

虫草属真菌多糖纯化的具体步骤如下：采用Sevag法对其进行去蛋白处理，经透析、冷冻干燥，得到粗多糖，并采用多种柱层析（如阴离子交换层析、凝胶过滤层析、亲和层析等）分离纯化。

7.1.3 樟芝多糖的分离纯化

现在常用的粗多糖分离纯化方法有乙醇沉淀法、透析、柱层析和离子交换层析。粗多糖水提之后，利用多糖不溶于高浓度醇的特点，用乙醇沉淀法使多糖成分分级分离。去除蛋白质的方法主要有TCA法和Sevage法，Sevage法是基于蛋白质在某些有机溶剂中的变性，Sevage法实验条件非常温和，多糖不易变质，除蛋白效率高，操作方便，蛋白去除率可达90%。本节中，利用上述优化后的条件提取樟芝菌丝体胞内多糖，并采用DEAE-52纤维素柱、G-25凝胶层析柱、G-50凝胶层析柱等，对其进一步分离纯化，并获得分子量均一的樟芝纯化多糖ACPSA。

7.1.3.1 樟芝菌丝体脱脂处理

菌丝体中含有多种杂脂和脂多糖，而且某些脂质带有颜色，除脂可以帮助多糖脱色。因此，为了提出纯净的多糖，在樟芝菌丝体热水提取多糖之前，需要对樟芝菌丝体进行除脂处理。脱脂试剂由无水乙醇和石油醚配比1∶9而成。除脂试剂和菌丝体的液料比为20∶1。将除脂试剂按照比例加入樟芝菌丝体粉中，在室温旋转摇床摇3h，完成除脂步骤。除脂完成后，需在70~80℃蒸菌丝体，去除脱脂试剂。

7.1.3.2 粗多糖除蛋白

（1）木瓜蛋白酶法

将木瓜蛋白酶按照2%比例加入粗多糖溶液中，pH值控制在4~6.6，温度区间为50~55℃，酶解10h。酶解时间结束后，高温灭活木瓜蛋白酶。

（2）Sevage法

Sevage试剂：氯仿：正丁醇=4：1，粗多糖和Sevage试剂按照3：1的体积比进行混合，摇床振荡30min后，12000g/min离心20min。除蛋白多次，直至看不到明显蛋白层为止。

7.1.3.3 无水乙醇沉淀粗多糖溶液

在提取液中加入4倍体积的无水乙醇，无水乙醇终浓度为80%，4℃醇沉过夜，随后离心留沉淀即为樟芝粗多糖。

7.1.3.4 层析柱柱料处理

（1）柱料活化。用纯净水过夜溶胀，多洗几遍去除杂质。用0.5mol/L的HCl溶液浸泡2h，用纯净水洗至中性；用0.5mol/L的NaOH溶液浸泡2h，用纯净水洗至中性。

（2）装柱。将层析柱洗干净固定到架子上，加1/3体积的纯净水，打开出液口，水流通畅，将柱料用玻璃棒引流，贴着柱子内壁缓缓倒入层析柱中防止产生气泡，柱料自然慢慢沉降至层析柱底部后，柱料与液体会分层，此时打开阀门，用流速压柱子，待液面稳定不再下降，液面与柱料平齐后，测量柱料高度为55cm，柱体积为11.052cm^3，将流速控制在0.6~0.8mL/min。流速稳定后，缓慢贴壁加入粗多糖进行分离。

（3）柱料再生清洗。0.1mol/L的醋酸清洗5个柱体积，再用2mol/L的氯化钠清洗5个柱体积，再用水洗至中性。在20%乙醇中，4℃环境条件下长期保存。

7.1.4　香菇多糖的提取分离

香菇（*Lentinus edodes*）别名冬菰、花菇，属于担子菌纲（Basidaiomycetes）、香菇属的一种食药同源的真菌，主要分布于太平洋西侧的一个弧形地带，西至尼泊尔，南至新几内亚，北至日本，是一种分布广泛的可食用真菌。其在我国种植广泛，内陆各地区均有生产基地。

香菇营养丰富，含有68%~78%的碳水化合物（单糖、二糖、三糖和多糖），外源性氨基酸（赖氨酸、缬氨酸、异亮氨酸、亮氨酸、苯丙氨酸、蛋氨酸、精氨酸、苏氨酸、色氨酸和组氨酸），脂类（干物质的5%~8%），维生素（B_1、B_2、B_{12}、C、D、E），矿物质（Ca、K、Mg、Mn、P、Zn和Na），膳食纤维及微量物质。此外，相关研究还发现，香菇还含有抗肿瘤、抗氧化、免疫调节等生物活性成分，其已成为生物医学、药物制剂等多领域的研究热门。

1969年，Chihara[87]首次从香菇中提取出多糖，并发现了香菇多糖对肿瘤细胞的抑制活性。研究表明，香菇多糖主要由β–葡聚糖组成，分子式为（$C_6H_{10}O_5$）$_n$。香菇多糖广泛存在于香菇的细胞壁中，物理性状呈白色粉末状，易溶于水，不溶于有机溶剂。

香菇多糖是香菇中的主要活性物质之一，具有抗氧化、抗肿瘤、抗炎、免疫调节等生物活性。研究表明，香菇多糖的活性与其分子量、单糖组成、糖苷键的连接方式以及链构象等具有相关性。例如，香菇多糖的抗肿瘤活性主要是因为β–葡聚糖的存在，香菇多糖能增加外周血的吞噬指数，进而抑制肿瘤和癌细胞的扩散，通过刺激免疫细胞的增长以达到增强宿主免疫力的作用，间接杀死肿瘤细胞。由于香菇多糖含有丰富的生物活性成分，被广泛用于制作药物、膳食补剂以及营养增强剂。

香菇多糖是一种水溶性多糖，可以通过直接浸提的方式从香菇粉末中提取。然而这种方法提取率低，难以满足科研以及工业生产的需要。随着技术的不断发展，一些新型辅助提取方法被应用于多糖的提取中，主要概括为三种类型：物理辅助提取法、化学辅助提取法以及生物辅助提取法。

7.1.4.1　物理辅助提取法

物理辅助提取法是提高多糖提取率的常用方法，具有简洁高效、环境友好等特点。物理辅助提取法主要通过加热、高压或分子振动的方式促进多糖的溶出。

加热是提高香菇多糖提取率的常用方式。在加热条件下，香菇的细胞壁被破坏。随着温度的升高，多糖的分子运动速率加快，香菇多糖在较短时间内从粉末中扩散到水溶液中。热水提取法是采用加热提高多糖提取效率的实际应用。热水提取法具有成本低、操作简单、可进行大规模生产的优点。但缺点是提取时间长、提取效率低、提取液易发霉等。魏桢元[88]采用热水法提取香菇多糖，通过响应面实验优化多糖的提取工艺，得到最佳提取工艺：提取时间为120min，提取温度为78.6℃，液固比为58.3∶1mL/g，此条件下香菇多糖的最大提取率为14.22%。

微波辅助提取法可以加强热效应使溶剂温度快速升高，促进细胞破裂，提高多糖提取效率。微波辅助提取法具有无污染、能耗低以及效率高的特点，但是对于仪器的要求更严苛。聂小宝等[89]采用微波辅助法提取香菇多糖，通过正交实验优化提取时间、pH以及液固比3个因素，最终优化得到香菇多糖的提取工艺参数为：pH值为8、提取时间为7min，液固比为40∶1mL/g，在最优提取工艺条件下香菇多糖提取率为5.47%。

高压可以在短时间内破坏香菇的细胞壁结构，达到加快多糖溶出的目的。动态高压微射流提取是将高压应用到多糖提取中的实际应用。动态高压微射流提取法首先通过高温高压使香菇细胞壁软化，然后利用微射流的振动、冲击力和剪切力作用破坏细胞壁促进多糖溶出。

超声波辅助提取主要利用超声波的热效应、机械效应和空化效应达到提高多糖提取率的作用。超声波辅助提取的机制为：物质吸收超声波能量并转化为热能达到促进多糖溶出的作用；或是超声波将介质撕裂成许多小空穴，在小空穴闭合时产生极大的瞬时压强使细胞壁破裂而便于物质溶出。研究表明，通过正交能达到促进多糖溶出的作用；或是超声波将介质撕裂成许多小空穴，在小空穴闭合时产生极大的瞬时压强使细胞壁破裂而便于物质溶出。

水在常温常压下是一种强极性物质，具有很高的介电常数。因此，其性质与弱极性的有机溶剂不同，不能作为萃取溶剂提取有机化合物。亚临界水是指在高温（100~374℃）、高压（0.1~22.1MPa）下仍保持液体状态的水。研究表明，水的介电常数与温度成反比。亚临界状态下水的性质接近弱极性的有机溶剂，因而在亚临界状态的水可以将有机物从原料中提取出来。同时，环境压力也是促进物质溶出的重要因素。亚临界状态下的压力可以将水压迫到物质的孔隙中来帮助提取，为物质的分离提供巨大的反应活化能。

亚临界水提取通过高温高压将溶剂与提取物基质充分混匀，高温下增强扩散效应，提高提取物溶解到溶剂中的效率。亚临界水技术作用于生物活性物质提取的原理为：打破基质的表面平衡，提高提取物的溶解性，促使溶剂更好地渗透到基质中。亚临界水的提取能力受温度、压力、颗粒大小等因素的影响。近年来，亚临界水被应用于多糖、蛋白、酚类以及油等物质的提取，均能显著提高物质的提取率。综上所述，亚临界水提取技术为提取天然产物中的活性成分提供了一种有效方法，既能提高提取效率，又能减少污染。更重要的是，亚临界水对生物活性化合物的结构具有一定修饰作用，对其活性表达具有积极影响。

7.1.4.2　化学辅助提取法

溶剂的酸碱性是影响多糖提取的重要因素，酸碱溶液可以破坏提取物的细胞结构提高多糖的提取效率。然而，化学辅助提取法也存在缺陷：一是强酸/强碱废液对环境的损害；二是强酸/强碱可能导致多糖结构改变，从而影响多糖的生物活性。

为了探索更多环境友好的提取方法，"绿色溶剂"概念被提出。离子液体（Ionicliquids，ILs）因其独特的物理和化学特质而受到广泛关注，ILs是温度低于100℃时呈液态的有机溶剂，通常由体积较大且不对称的有机阳离子和有机或无机阴离子组成，具有不可燃性、高热稳定性、化学稳定性和低挥发性等性质。研究发现，ILs可以从各种生物质基质中溶解生物活性化合物，因此ILs可以作为提取天然生物活性化合物的绿色溶剂。不同离子组合制备的ILs性质有所差异，因而可以根据提取目标合成不同性质的ILs。然而，虽然ILs具有如此多样的优势，但是在提取时存在具有化学毒性、合成成本高以及影响活性物质的生物活性等缺点。因此，越来越多的注意力集中在与ILs性质相类似的深共熔溶剂（Deep Eutectic Solvent，DES）上。DES具有与ILs相似的物理化学性质，并且具有可生物降解、毒性低的特点，合成成本低于ILs。

不同类型的DES可用于提取不同的目标化合物，已被应用于多糖、黄酮以及酚类化合物等多种活性成分提取。除了作为提取介质外，DES还可作为主要介质的补充。Zhang等[90]采用DES提取茯苓多糖，从6种DES溶剂中选择出氯化胆碱-草酸为最合适的DES溶剂。采用Box-Behnken进行因素优化实验设计，得出最优实验条件为：氯化胆碱与草酸的摩尔比为1∶2，反应温度为100℃，反应时间为15min。在最优提取条件下，提取率为（46.24±0.13）%，是热水提取率的8.6倍。同时，DES溶剂可以重复回收利用，在不添加任何额外化学品的情况下重复使用6次后，茯苓多糖的提取率为（38.40±0.23）%。因此DES是一种提取多糖的新型溶剂，具有良好的应用前景。

7.1.4.3 生物辅助提取法

酶法提取是生物辅助提取的主要应用方法。酶辅助提取法主要通过酶破坏细胞结构，加速细胞内物质的释放，进而提高多糖提取效率。酶辅助提取技术分为单酶辅助、分段酶辅助以及复合酶辅助提取法。在酶辅助提取多糖过程中，常用的酶为果胶酶、木瓜蛋白酶以及纤维素酶等。香菇多糖的细胞壁主要成分为纤维素和果胶，因而可以通过酶解处理破坏细胞壁进而提高多糖提取率。

在酶法提取多糖过程中，酶的添加比例一般为1.5%~2%，通过选择合适的酶，控制酶处理温度、处理时间以及pH，可以显著提高多糖的提取效率。例如，有研究者选择纤维素酶、果胶酶和蛋白酶三种酶复合提取香菇多糖，结果表明，酶法辅助提取多糖的提取率是热水提取的3.43倍。

7.1.4.4 深共熔溶剂强化亚临界水提取法

（1）香菇多糖的提取

①香菇子实体的预处理。香菇子实体在鼓风干燥箱60℃下干燥24h。采

用粉碎机粉碎，过 50目筛。国标法检测香菇的含水量为（0.56 ± 0.06）%。采用索氏提取法脱脂6h，得到脱脂香菇粉。

②香菇多糖提取的对比实验。

热水提取法：提取温度为80℃，提取时间2h，提取液的液固比为30∶1mL/g。得到热水提取的香菇多糖（Lentinus Edodes Polysaccharides Extracted By Hot Water，LEPH）。

亚临界水提取法：提取温度为140℃，提取时间为20min，液固比为25∶1mL/g。得到亚临界水提取的香菇多糖（Lentinus Edodes Polysaccharides Extracted By Subcritical Water，LEPS）。

③深共熔溶剂的制备。将氯化胆碱与氢键供体按一定的摩尔比（1∶2）混合，混合物在85℃的水浴中搅拌，直至得到清澈透明的溶液。溶剂在常温下为无色透明的液体，在室温下储存。

④深共熔溶剂强化亚临界水提取香菇多糖。在反应釜（水热合成反应釜容量为50mL，能承受230℃的温度，最大压力为3MPa）内衬管中加入香菇粉以及预先配置的深共熔溶剂，搅拌使粉末与溶液充分接触。亚临界反应用烘箱进行，将反应釜放进烘箱中，当烘箱达到设定温度后开始计时，反应结束后采用流水冷却。经过离心、抽滤等操作后获得多糖提取液，提取液经抽滤、旋蒸浓缩后加入4倍体积无水乙醇，4℃醇沉过夜。用Sevage试剂去除溶液中蛋白质，透析、冻干得到深共熔溶剂强化亚临界水提取的香菇多糖（Lentinus Edodes Polysaccharide Esextracted By Deep Eutectic Solvent，LEPD）。

（2）香菇多糖的分离纯化

①DEAE-52纤维素柱纯化。

填料预处理：取新购买的DEAE-52纤维素填料100g，加入500mL蒸馏水，室温下溶胀48h，备用。

多糖纯化方法：层析柱型号为3cm×100cm，采用湿法装柱，填料少量多次装填入层析柱中。层析柱中填料的最终高度为柱体高度的3/4。为了防止多糖多次洗脱造成填料堵塞，定期清洗填料。

称取多糖样品50mg溶解于15mL去离子水中，超声使其充分溶解。溶液在8000rpm下离心10min以除去不溶性沉淀，收集上清液备用。分别用去离子水和0.1mol/LNaCl溶液为洗脱溶剂，洗脱流速2mL/min。用离心管接取洗脱液，每管收集6mL。间隔取样检测，绘制洗脱曲线。根据洗脱曲线收集洗脱组分，并通过浓缩、透析、冻干等操作得到纯化的多糖样品。

②SephadexG-100凝胶柱纯化。采用SephadexG-100进一步纯化多糖组分。填料预处理：将填料粉末与去离子水以液固比10∶1充分溶胀24h，采用抽滤法排尽填料中的空气。选择型号为3cm×100cm的层析柱，湿法装填，控制流速平衡24h。

多糖纯化：称取20mg经过DEAE-52填料纯化的多糖样品溶于10mL去离子水中，超声使其充分溶解。溶液在8000rpm下离心10min以除去不溶性沉淀，收集上清液备用。以去离子水为洗脱溶剂，洗脱流速为0.4mL/min，每管收集4mL。间隔取样，采用苯酚硫酸法检测每管内的多糖含量并绘制洗脱曲线。收集各个洗脱组分，通过浓缩透析冻干等操作得到纯化多糖样品。采用苯酚硫酸法对纯化多糖的纯度进行分析。

7.2 微生物三萜类化合物的提取分离

本节以牛樟芝发酵菌丝体三萜类化合物的提取分离为例对微生物中三萜类化合物的提取分离进行分析与讨论。牛樟芝为我国台湾地区特有的名贵药用真菌，其主要成分包含多糖体、三萜类化合物、凝集素、氨基酸、固醇类等[91]。

7.2.1 菌种活化及培养

在无菌条件下，以马铃薯葡萄糖琼脂培养基（PDA）为基质，接种保存的牛樟芝菌株，进行初次培养。培养温度为26℃，培养周期为7天。完成首次培养后，进行传代处理，重复上述培养步骤，随后将斜面培养基上的菌株接种至40mL的无菌液体种子培养基中，以120r/min的速度进行7天的培养。进行第二次传代后，使用100mL的无菌液体进行扩大培养，培养条件为26℃，培养速度为120r/min，培养周期为5天。这一系列步骤旨在最优的生长环境下，使牛樟芝菌株迅速繁殖和积累。

7.2.2　牛樟芝发酵菌丝体三萜类化合物提取工艺优化

7.2.2.1　牛樟芝发酵菌丝体中三萜类化合物的测定及得率计算

精确称量5mg齐墩果酸，用无水乙醇将其溶解，并定容至5mL。取标准品溶液及100μL样本溶液放置于试管中，蒸干备用。在干燥的试管中添加香草醛–冰醋酸、高氯酸，充分反应后冷却，再加入5mL冰醋酸，待其充分溶解后，在550nm处进行比色。

$$三萜类化合物得率(\%) = \frac{三萜类化合物含量(g)}{菌丝体质量(g)} \times 100\%$$

7.2.2.2　单因素试验及结果分析

以上述制备得到的牛樟芝发酵菌粉为原料，以溶液中三萜化合物含量为指标，经单因素实验初步考察溶剂浓度、提取温度、提取液的溶剂、提取时间、料液比五个因素对牛樟芝发酵菌粉中三萜化合物提取率的影响。

试验结果表明：最佳提取条件：最佳溶剂为乙醇，提取浓度为70%，提取温度为80℃，料液比为20∶1，提取时间为100min。

7.2.3　牛樟芝发酵菌丝体三萜类化合物的分离纯化

7.2.3.1　大孔树脂预处理

准备一个容量为1L的烧杯，将大孔树脂置于其中并加入无水乙醇，无水乙醇要没过树脂层，并高出10cm。令大孔树脂在室温下浸渍4h，在这个过程中，每隔30min需要搅拌一次。接着，用无水乙醇淋洗装入柱中的柱料，再使用蒸馏水进行多次淋洗。

7.2.3.2　大孔树脂再生

当树脂使用后，树脂的吸附性能会降低，并且会产生污染，在再次利用之前，必须经过强化再生。将所用的大孔树脂置于1L的烧杯中，然后在比树脂层高出10cm的位置添加5%的盐酸，在室温下浸渍4h，每隔30min搅拌一次。然后，向柱中装入柱料，用3~4倍于柱体积的盐酸溶液淋洗通柱。接着，用蒸馏水冲洗，使其保持中性。最后，将柱子拆下，用5%的氢氧化钠溶液在树脂层上方约10cm处浸渍4h，在此过程中，每隔30min搅拌一次。然后，将柱料重新装入柱内，并用相同浓度的氢氧化钠溶液以3~4倍于柱体的氢氧化钠溶液淋洗通柱。然后，用蒸馏水将其中和，待用。

7.2.3.3　三萜类化合物样本制备及分离纯化

取200g牛樟芝发酵菌粉，根据经过优化的工艺提取液，然后在50℃下使用旋转蒸发仪浓缩，直至挂壁。取得的浓缩液中的三萜成分通过0.45μm滤膜处理，随后将1mL浓缩液与9mL蒸馏水混合均匀。采用AB-8大孔树脂柱层析法（尺寸为3cm×45cm），依次以0%、40%、80%和100%乙醇进行梯度洗脱，收集100%洗脱液并进行浓缩。最后，按照7.2.2.1节的法测定浓缩液中三萜的含量，得到其组分（ACT），以备使用。

7.3　微生物多肽化合物的提取分离

微生物为了生存，会产生一些特殊的生物活性分子，这些分子能够抑制其他微生物，其中包括抗真菌活性的物质。例如，从丝状真菌黑曲霉的培养物上清液中分离出的抗真菌肽，就表现出显著的抑制真菌生长的活性，特别是对多种植物病原真菌的生长有强烈的抑制效果。从蜡状芽孢杆菌菌株S-1中获得的抗菌肽APS-1能有效地阻止多种植物病原菌，并具有抗紫外线辐射功能，这使其在植物病害的生物防治研究中显露出巨大的应用前景，为农业领域的病害防治提供了有力的支持。

7.3.1　螺旋藻多肽的分离纯化

为了提取具有抗真菌活性的多肽组分，必须有针对性地去除螺旋藻蛋白酶解产物中的杂质。目前，人们可以通过多种方式实现对多肽的选择性分离和纯化，采用的方法包括超滤法、凝胶过滤层析法、离子交换层析法以及常规层析法等。在实际应用中，分离目标和用途不同，适合采用的分离纯化方法也不同。本节以螺旋藻为研究对象，采用超滤技术，使用碱性蛋白酶和木瓜蛋白酶作为酶解液对螺旋藻蛋白进行水解，从而得到包含不同分子量多肽的混合物。通过这些方法，可以有效地分离和纯化螺旋藻蛋白水解产物中具有抗真菌活性的多肽组分。

首先，需对螺旋藻蛋白酶解液进行超滤。其次，对各组分抗真菌活性进行检测，根据检测结果，挑选出抑菌效果强的多肽组分。最后对这些多肽组分进行进一步的分离和纯化，直至测定的吸收值趋于0.1。根据色谱峰的不同，将各组分按色谱分离、编号、冻干、贮存。

7.3.2　粗多肽的分离纯化

抑菌蛋白是一类具有生物活性的蛋白，其作用结果是通过抑菌及杀菌来体现的。竹肉球内生菌就含有这种抑菌蛋白（又称抗菌肽），对多种细菌都有很好的抑制和杀菌作用。本节着重阐述了利用盐析提取分离竹肉球内生菌抗菌肽的方法。

7.3.2.1　粗多肽的提取与分离

（1）粗多肽的提取。用自来水将原料表面的污垢冲洗干净，接着用70%酒精浸30min，用1mol/L氢氧化钠溶液消毒3~5次，用ddH$_2$O冲洗4~5次，再置入粉碎机内，粉碎的过程中添加1.1%的醋酸直到变得浑浊。之后，去除块状物质，在27℃的水浴锅中浸取，直到溶液变黄。

（2）粗多肽的分离。对上一步中得到的溶液进行离心，取出上清液，冷冻干燥，4℃下，以8000r/min的速度离心分离25min。对沉淀物，再用1.1%的醋酸浸取、离心，取出上清液，如此重复2~3次。

7.3.2.2　竹肉球内生菌抗菌肽的分离纯化

层析技术是一种常用的分离纯化方法，其原理基于待测样品中各组分在不同理化特性的作用下，在两相中分配程度不同，从而实现对多组分的有效分离和提纯。本部分先后用SephadexG-25和RP-HPLC等方法，对预先制备的竹肉球内生菌粗多肽样品进行了层析分离纯化，并将洗脱峰进行了冷冻干燥处理。

（1）凝胶过滤层析法对粗多肽进行纯化。

①凝胶过滤层析的原理。凝胶过滤层析，又称为分子筛层析，是一种基于各组分相对分子量差异的分离纯化技术。该方法的固定相采用球形颗粒，具有立构网状孔结构。在进入层析柱后，由于分子量的大小不同，一部分成分进入层析柱内部，而另一部分随着流动相从颗粒间的大间隙中流走。这导

致相对分子质量较大的组分流程短，流速快，最先被排出；而相对分子质量较小的组分则流速较慢，后排出。因此，通过梯度洗脱实现了对多肽组分的分离。

②凝胶过滤层析的纯化。

凝胶过滤层析是一种分离生物大分子的有效方法，其纯化过程通常包括柱材准备、层析柱处理、装柱、平衡、上样与洗脱，以及收集多个关键步骤，确保最终获得高纯度的目标分子。

（2）反相高效液相色谱层析（HPLC）对粗多肽的纯化。

①反向高效液相层析原理：反向高效液相层析中，样品溶液被注入一种非极性（疏水性）的液相固定在固定相上。通常使用的固定相是碳链或硅胶等，而移动相是水和有机溶剂的混合物，有机溶剂的比例逐渐增加。这种非极性相互作用是分离的基础。

②反相高效液相纯化步骤：

柱材选择：采用反相Cis柱。

平衡：使用流动相Buffer A（0.01%TFA）对色谱柱进行平衡，调整基线。

上样：将浓度为10mg/mL的样品以0.5mL、1mL、2mL、5mL的体积逐次上样。

梯度洗脱：使用流动相Buffer B（0.08%TFA+70%乙腈）进行梯度洗脱，梯度如表7-1所示。

表7-1 梯度表

时间/min	Buffer B的浓度/%
0~5	0~20
5~35	20~35
35~45	35~90
45~50	90~90
50~55	90~0

流速：1mL/min；检测波长：214 nm；用1.5mLEP管对各洗脱峰进行收集。

7.3.3　谷胱甘肽的分离与纯化

　　谷胱甘肽是一种由三个氨基酸组成的小分子肽，包括谷氨酸、半胱氨酸和甘氨酸。它在生物体内具有重要的抗氧化功能，参与抵御氧化应激、解毒和维持细胞内环境平衡。谷胱甘肽的分离与纯化是深入研究其性质和功能的关键步骤。

　　谷胱甘肽可以从多种生物体中提取，包括细胞培养物、组织样本以及微生物等。提取方法的选择取决于样本来源和实验需求。常见的提取方法多以萃取法为主，如溶剂浸取与双水相萃取。溶剂浸取法较为简单，但由于谷胱甘肽是胞内产物，因此在萃取之前一定要结合细胞破碎才能达到较高的萃取率。实际操作时，可以结合超声技术或微波技术，以提高萃取率。

　　谷胱甘肽经提取后，还需要再进行纯化，这样才能获得高质量的谷胱甘肽产品。早期，研究学者使用铜盐法对谷胱甘肽进行纯化，后来，离子交换提纯的方法逐渐成熟，研究者更多地采用离子交换吸附树脂来对谷胱甘肽进行纯化。崔秀云等[92]研究了五种树脂吸附谷胱甘肽的最佳工艺条件，成功实现了65.98%的树脂吸附率。这一方法由于成本低廉，节省原材料，因此广泛应用于工业化生产。

　　除此之外，反胶束萃取技术也可用于分离蛋白，在实验室小型试验中常常使用此技术。其原理是基于胶束的形成和反胶束对有机物的亲和性。孙雪等[93]使用AOT与异辛烷作为反胶团，在萃取大豆7S球蛋白时成功达到83.21%的萃取率。付莉媛等[94]使用CTBA与正辛烷作为反胶团，从小米中提取蛋白酶时，萃取量能达到0.816g/L。反胶束萃取技术操作简单省时，可用于大多数种类蛋白的提取，但利用其萃取谷胱甘肽的研究还并不成熟。

7.4 微生物虾青素类成分的提取分离

7.4.1 虾青素的提取方法

虾青素广泛存在于自然界中，尤其在一些水生动物中含量丰富。由于不同生物的特性各不相同，因此，天然虾青素的提取方法并不完全统一。例如，红发夫酵母、雨生红球藻的细胞壁较厚，溶剂难以进入细胞，因此常使用研磨法、高压均质法等物理方法或酶解法对其中的虾青素进行提取。至于虾、蟹等水产，其甲壳中灰分、甲壳质等会影响虾青素的提取效率，因此，通常使用酶解法、碱法来提取其中的虾青素。除此之外，还可结合多种方法一起提取虾青素，例如使用超声、微波技术等进行辅助提取。近年来还出现了一些新技术，为提取虾青素打开了新的大门，如：超临界流体萃取法、负压空化法、离子液体等。常见方法的优缺点见表7-2。

表7-2 不同提取工艺的优缺点

提取工艺	特点	优点	缺点
物理提取	采用物理方法破坏原材料细胞壁，促进胞内物质释放及有机溶剂渗透	UAE、MAE、研磨法用时短，操作便捷，提取效率高，设备成本低，可用于处理大量原材料；$SC-CO_2$、SEF、PEF、负压空化法	UAE、MAE 可能引起虾青素降解；$SC-CO_2$设备成本高且不适用于处理大量原材料；HPH、$SC-CO_2$操作要求高
化学提取	利用有机溶剂、ILs 渗透原料中提取虾青素；酸法水解原料细胞壁加速胞内物质释放	适宜于热敏化合物，适宜溶剂可少量高效提取	有机溶剂提取法耗时；酸法用于工业化生产需考虑废水处理问题
生物酶法提取	生物酶水解细胞壁，增加细胞通透性	酶法环保、污染少；复合酶提取率优于单酶	部分酶价格昂贵、培养困难

7.4.2 虾青素的纯化方法

初步提取的虾青素常常含有其他杂质，因此需要进一步纯化以备使用。目前，虾青素的纯化方法已经十分成熟，包括柱层析法、高效液相色谱法、重结晶法等，各种方法可以单独使用或结合使用，且均有相应的优缺点，如表7–3所示。

表7–3 不同纯化方法的优缺点

纯化方法	特点	优点	缺点
柱层析法	对粗品进行纯化，用常压柱纯化50~100g样品，纯化时间与样品量相关，所得虾青素纯度可高达97%	层析柱规格多样，操作简单，成本低，分离效果佳	不可逆吸附
高效液相色谱法	对纯度较高的样品或光学异构体进行纯化；制备量与所选半制备柱规格相关，半制备柱内径为10mm，长度为15~30cm，一次制备0.1~1.0m	高效灵敏，选择性好，产物纯度高	设备成本高，不适合工业化生产
薄层色谱法	样品量小于0.5g时可采用TLC纯化	快速高效，样品损失少，成本低	不适合工业化生产
重结晶法	样品纯度相对较高时可进行重结晶，所得虾青素结晶纯度可达98.9%	产物纯度高，操作简单，无需复杂设备	溶剂残留
高速逆流色谱法	进样量可达10g，所得虾青素纯度高达97%	产物无损失，回收率高，可用于工业化生产	设备成本高

7.4.3　胶红酵母虾青素纯品提取分离

胶红酵母（ZTHY2）是一种富含虾青素的微生物资源，虾青素是一种重要的生物活性成分，具有抗氧化、抗癌等多种生物活性。为了高效地提取和分离胶红酵母中的虾青素，研究学者们通过培养、细胞制备和提取等步骤建立了一套完整的提取分离工艺[95]。

7.4.3.1　培养基的准备

为了获取高产的胶红酵母，首先需要制备适用的培养基。红酵母种子培养基和红酵母发酵培养基的配方见表7-4。

表7-4　红酵母种子培养基和红酵母发酵培养基的配方

类别	培养基的配方
红酵母种子	2%蛋白胨、1%酵母膏、2%葡萄糖、2%NaCl、自然pH值
红酵母发酵	2%蛋白胨、2%酵母膏、1%牛肉膏、2%葡萄糖、2%NaCl、0.025%MnSO₄、自然pH值

7.4.3.2　干菌体细胞制备

通过将胶红酵母ZTHY2进行种子培养和发酵培养，得到发酵液。然后，对发酵液进行离心、上清液去除、洗涤和烘干等步骤，最终得到干菌体细胞。这一步骤是为了获取高纯度的胶红酵母细胞，为后续的虾青素提取奠定基础。

7.4.3.3　虾青素粗提液的提取方法

为了获得虾青素粗提液，科学家们采用了酸热法、反复冻融+超声波裂解法和二甲基亚砜（DMSO）+无水乙醇法等不同的提取方法。这些方法的选择基于其对虾青素的高效提取能力。

酸热法：通过盐酸和热水浴，结合有机溶剂的浸提，获得含有虾青素的粗提液。

反复冻融+超声波裂解法：通过多次冻融和超声波裂解，结合有机溶剂的浸提，获得虾青素粗提液。

二甲基亚砜+无水乙醇法：利用DMSO和无水乙醇，通过温度控制和振荡提取，获得虾青素粗提液。

7.4.3.4　粗提液中虾青素含量的测定

通过紫外可见分光光度计测定虾青素标准品及虾青素粗提液的吸光度，确定476nm为最大吸收波长。吸光值（A_{476}）的大小反映了虾青素在粗提液中的含量，为后续的提纯提供了参考。

7.4.3.5　虾青素浓缩液的皂化方法

为了进一步提纯虾青素，研究学者们采用了KOH+甲醇法、KOH+乙醇法等不同的皂化方法。这些方法可以有效去除粗提液中的杂质，得到更纯净的虾青素。

KOH+甲醇A法：利用KOH和甲醇进行皂化，得到虾青素提取液，进行后续的薄层层析鉴定。

KOH+乙醇法：利用KOH和乙醇进行皂化，通过分相提取，得到虾青素提取液，进行后续的薄层层析鉴定。

这一系列的提取和分离工艺为胶红酵母中虾青素的高效获取提供了科学可行的方法，为虾青素的进一步应用奠定了基础。

7.4.4　雨生红球藻中虾青素类成分提取分离

雨生红球藻是一种富含虾青素的微藻资源，虾青素是一类重要的生物活性成分，具有多种保健和医学价值。为了有效地提取和分离雨生红球藻中的虾青素类成分，研究学者们采用了多种提取和分离方法，以确保高效、纯净的虾青素提取[96]。

7.4.4.1 提取方法

（1）溶剂提取法

在这种方法中，雨生红球藻藻粉与提取溶剂按一定比例混合，并在50℃水浴下浸提120min。随后，通过离心分离滤液和滤渣，得到虾青素提取液。这一方法简单易行，通过调整提取溶剂的种类和比例，可以实现高效提取。

（2）超声辅助溶剂提取法

在这个方法中，取适量雨生红球藻与提取溶剂混合，通过室温下超声波提取30min。超声辅助提取在短时间内能够更彻底地破坏细胞壁，提高提取效率，是一种高效的提取方法。

（3）负压空化法

负压空化法通过负压手段形成气泡，加速细胞壁破裂，使提取溶剂迅速溶解虾青素。然而，在提取过程中需注意选择低毒、不易挥发的提取溶剂，以防止环境污染。相关研究表明，浓度为80%的乙醇溶液是较为理想的提取溶剂。

（4）低温高压破碎提取工艺

这一方法中，雨生红球藻藻粉在低温循环水浴中，通过高速分散机均匀分散，然后连续注入高压破碎提取装置。通过设置不同的提取条件，如提取溶剂、固液比例、提取压力、连续提取次数等，得到虾青素提取液。这一工艺具有提取效率高、可控性强的特点。

（5）高压超临界CO_2萃取工艺

这一先进的提取工艺采用超临界CO_2作为萃取介质，通过高压泵对萃取釜进行加压，实现虾青素的高效萃取。这种方法在提取过程中不使用有机溶剂，有利于环境保护。不同的萃取条件，如压力和温度，可以调整，以实现最佳的提取效果。

7.4.4.2　分离纯化方法

（1）柱层析法

陈兴才等[97]采用硅胶柱层析，以正己烷：丙酮为洗脱剂，对皂化处理后的虾青素样品进行纯化。这种方法虽然操作复杂，但能够达到较高的纯度，适用于对纯度要求较高的场合。

（2）高速逆流色谱法

Li等[98]采用高速逆流色谱法，通过正己烷–乙醇–乙酸乙酯–水为两相溶剂体系，从雨生红球藻中得到了高纯度的虾青素。高速逆流色谱法能够在相对较短的时间内实现高效纯化。

综上所述，雨生红球藻中虾青素类成分的提取和分离纯化是一个复杂而精细的过程，研究者们通过多种方法的综合应用，为高效获取虾青素提供了有力的工具和技术支持。这一系列的研究为雨生红球藻的资源开发和虾青素的应用提供了科学依据和技术支持。

第8章　海洋动物天然产物有效成分的提取分离技术与方法

　　地球上海洋总面积为3.6亿km²，约占地球表面积的71%，蕴含着丰富的生物资源，如海绵、藻类、珊瑚、微生物等。现有研究发现，由于海洋特殊的生态环境（高盐、高压、缺氧），使得这些生物资源蕴含着丰富的次级代谢产物，包括大量具有特殊的化学结构、生理活性和功能的物质。但目前人类对海洋的探索仅仅只是冰山一角。

　　在古代，人们借助一些海洋生物的毒性及驱虫的功效来治疗疾病，这不能归为对海洋天然产物的研究。20世纪30年代对海洋无脊椎动物沙蚕毒素的研究正式拉开了海洋天然产物化学研究的序幕。20世纪50年代至60年代，人们先后对海藻的海人草酸、河豚毒素进行了研究，为海洋天然产物的研究奠定了基础。自20世纪70年代开始，研究人员为了开发海洋药物，同时有机化学的分离和分析技术发展显著，使海洋天然产物的研究得到了极大的发展。

　　近年来，随着科研人员的不懈探索，海洋天然产物来源的生物活性物质不断增加。本章选取了海洋动物中的肽类化合物、大环内酯类化合物、萜类化合物、生物碱、甾体化合物、多糖等天然产物进行阐述。

8.1 海洋动物中肽类化合物的提取分离

为了适应海洋中的极端环境，海洋生物经过亿万年的进化和演变，形成了大量次级代谢产物，其中一些产物具有特殊的生物活性，例如，从乌贼、海藻等海洋生物中提取到的海洋多肽具有杀菌、消炎、抗氧化等多重功效，能够治疗和预防某些疾病。因此，研发新型多肽类药物具有十分重要的意义。近年来，人们对海洋动物中肽类化合物的研究逐渐深入。

8.1.1 海洋来源肽类化合物的研究概述

在海洋天然产物中，肽类化合物是一类十分重要的生物活性成分，具有明显的生理作用，为海洋天然产物的开发提供了新思路。在过去几十年里，海洋肽类化合物得到了很大的发展，研究人员发现了一大批新型生物活性物质，大部分都表现出抗肿瘤、抗病毒、抗微生物、酶抑制活性。

海洋环境独一无二的特性使得海洋肽类化合物所包含的氨基酸种类十分丰富，除了常见的氨基酸外，还包括一些特有的氨基酸，如β-氨基异丁酸、软骨藻酸等。其中一些氨基酸具有多种生物活性。例如，从红藻海人草中提取的海人草酸曾被发现具有驱虫效果，曾被应用于相关治疗。然而，后续研究发现，海人草酸可能导致脊椎动物中枢神经系统神经元的过度兴奋，对该系统神经元产生一定程度的损害，因此被禁用。

另外，从牡蛎、章鱼和海藻中提取的牛磺酸具有抑制中枢神经系统的兴奋性、抗动脉硬化、增加心肌功能、促进代谢、解热等多种功效，因此在老年保健领域得到广泛应用。

日本学者Fusetani等从海绵Discodermia Kiiensis中提取出多种活性肽，其中的环肽DiscoderminA对枯草杆菌（*Bacillus Subtilis*）和奇异变形菌（*Proteus Mirabilis*）都表现出明显的抑制活性。2004年12月22日，美国FDA

批准了一种新型海洋药物——海洋多肽芋螺毒素Ziconotide（商品名Prialt），它是全世界首个上市的海洋药物，对慢性疼痛以及阿片类药物无效的情况具有良好的效果。

从鲑鱼、鳗鱼等腮体组织提取的鲑降钙素（Salcatonin）是一种直链多肽，包含32个氨基酸，表现出较高的生物活性。在临床上，它被用于治疗骨质疏松症、肾癌、维生素D中毒症等。另外，从海鞘中提取的海鞘环肽包括8种含有噁唑啉和噻唑环的环状肽。其中，Aplidine表现出良好的抗肿瘤效果，而Vitilevuamide可通过抑制细胞微管的聚合杀伤多种肿瘤细胞。

从软体动物（Elysia Rufescens）中提取的环肽Kehalalide F对结核杆菌表现出一定程度的抑制作用。另外，海洋生物产生的支链肽Dolastatinlo和Dolastatin（图8-1）被证明对P388白血病细胞具有有效的抑制活性，已经进入了Ⅱ期临床试验阶段。与此同时，芋螺毒素（Conotoxin）是一类广泛存在于芋螺属类软体动物中的多肽，具有显著的神经药理学效应。这类毒素包含多种类型，表现出止痛、抗菌、抗癫痫等多种功效，展现了广泛的应用前景，并已进入Ⅲ期临床试验。这些发现突显了从海洋生物中提取的生物活性分子在医药领域中的重要潜力，为新药物研发提供了有益的线索。

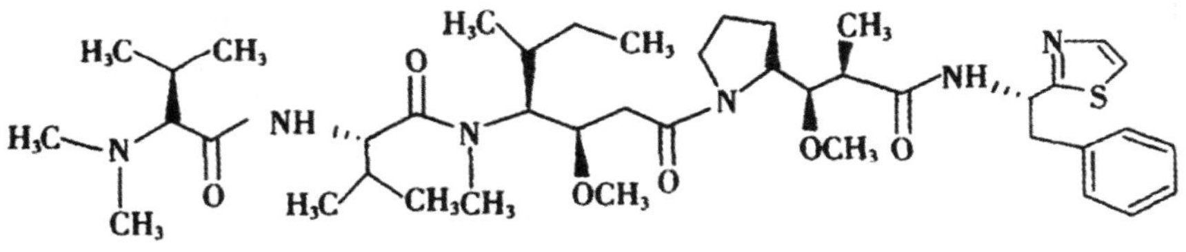

Dolastatinlo

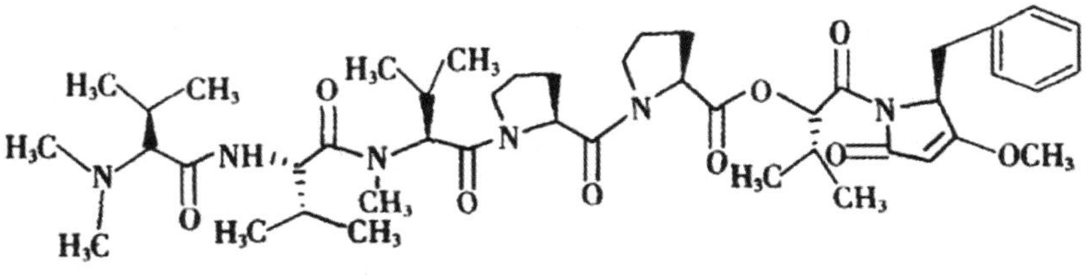

Dolastatin

图8-1　Dolastatinlo和Dolastatin的结构

海洋肽类化合物能够展现出良好的发展态势，主要得益于如下几方面。

（1）高效液相色谱、亲和色谱、毛细管电泳等分离技术的良好开发态势与应用情况。

（2）基因组学、蛋白质组学及相关生物技术的不断发展与应用。

（3）随着现代波谱技术，尤其是2D-NMR和ESIMS，MALDI-TOF MS等的重大突破，极大地推动了海洋肽类化合物结构的研究，使很多因N端封闭（如环肽）或存在β-型，γ-型或D-型等新型氨基酸而无法被Edman降解确定氨基酸序列的肽类化合物被确定结构。

（4）利用手性色谱技术确定氨基酸的绝对构型，将极大地提升肽类化合物的分离、成分分析和结构解析的效率，从而实现少量、微量样品的分离、成分分析和结构鉴定。

8.1.2　提取分离方法

环肽的提取分离需要综合利用多种色谱方法，在纯化阶段主要采用HPLC，还多使用反相高效液相色谱，也经常使用疏水作用色谱（HIC）、分子排阻色谱（SEC）以及离子交换色谱（IEXC）。另外，亲和色谱方法（AC）是基于固定相基质上配基与配体间的特异亲和性进行分离，能够从包含上百种肽类的混合物中一次分离出目标肽类。近些年，研究人员提出了一些新型AC技术，如固定金属亲和色谱和反义多肽亲和色谱等。

肽类毒素的提取分离有如下几种原理。根据溶解度的差异进行分离，例如，用无机盐（硫酸铵）、有机溶剂（丙酮、乙醇等）进行沉淀；根据分子大小的差异进行分离，可采用不同类型的分子筛（Sephadex葡聚糖凝胶、Bio-Gel生物凝胶）、SDS（十二烷基硫酸钠）凝胶电泳以及不同孔径的透析袋或超滤膜；根据电荷性质的差异进行分离，可采用不同类型的离子交换树脂和等电点聚焦等方法；根据生物活性的差异进行分离，可利用亲和色谱法；还可通过结晶法、HPLC等方法进行分离。在实际应用中，会将以上方法相互结合来完成提取分离，常用的研究方法如图8-2所示。

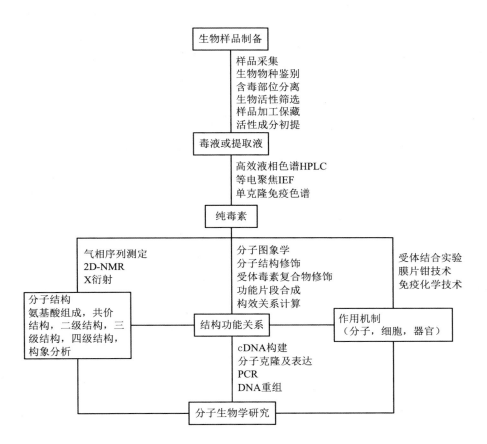

图8-2 肽类毒素的常用研究方法

8.1.3 研究实例

棕色扁海绵（*Phakellia fusa Thiele*）是寻常海绵纲（Demospongea）小轴海绵目（Axinellide）小轴海绵科（*Axinellidae*）海洋动物。美国亚利桑那州立大学Pettit等[99]于1993年从*Phakellia Costaata*和*Stylotella Aurantium*两种海绵中提取出环七肽化合物Phakellistatin 1，该成分对细胞生长有显著的抑制作

用。后来有研究人员发现了10种类似成分Phakellistatin 2～11，均为具有抗癌活性的环肽类化合物。李文林、易杨华等从中国南海的棕色扁海绵中提取出一种具有抗癌活性的新型环七肽Phakellistatin 13。

棕色扁海绵中有效成分的提取分离步骤为：海绵动物500g（干重）在室温下由80%乙醇浸提，乙醇提取物溶于90%的甲醇溶液中，用石油醚萃取，除去石油醚部分，下层的甲醇–水用水稀释至3∶2，用二氯甲烷萃取。从而得到石油醚提取物、二氯甲烷提取物、甲醇液提取物这三种组分。最后对这三种组分进行色谱分离，提取出10种化合物，对6种化合物进行了鉴定。提取分离流程如图8-3所示。

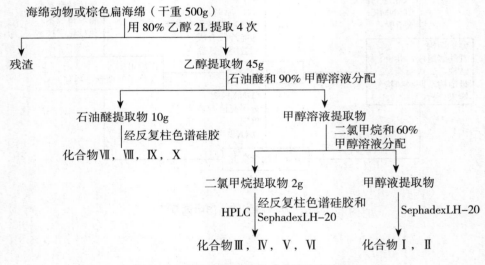

图8-3　棕色扁海绵化学成分的分离流程

化合物Ⅴ为环七肽化合物，命名为Phakellistatin 13，分子式为$C_{42}H_{54}O_8N_8$，为白色粉末，易溶于CH_2Cl_2，$CHCl_3$，$(CH_3)_2CO$，CH_3OH等有机溶剂。体外抗肿瘤试验证明Phakellistatin 13对人肝癌BEL7402细胞株具有显著的抑制作用，其半数有效浓度（EC_{50}）低于10mmol/L。Phakellistatin 13的结构式见图8-4。

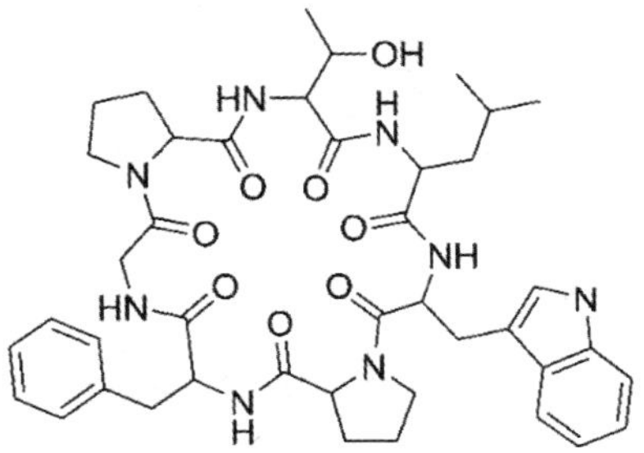

图8-4 Phakellistatin 13的化学结构

8.2 海洋动物中大环内酯类化合物的提取分离

大环内酯类化合物广泛存在于海洋生物中，一般存在于苔藓虫、藻类海绵、软体动物和被囊动物体内。该类化合物的结构中包含内酯环，环的大小有很大的不同，涵盖了十六元环到六十元环，大部分都表现出良好的抗癌活性，但由于分子结构的不同，其作用机理也有很大差别。

8.2.1 海洋来源大环内酯类化合物的研究概述

海洋生物中的大环内酯化合物的结构复杂多样，但都含有内酯环（图8-5），环的大小各不相同，包括十元环至六十元环。海洋大环内酯按其结构类型可分为以下四类。

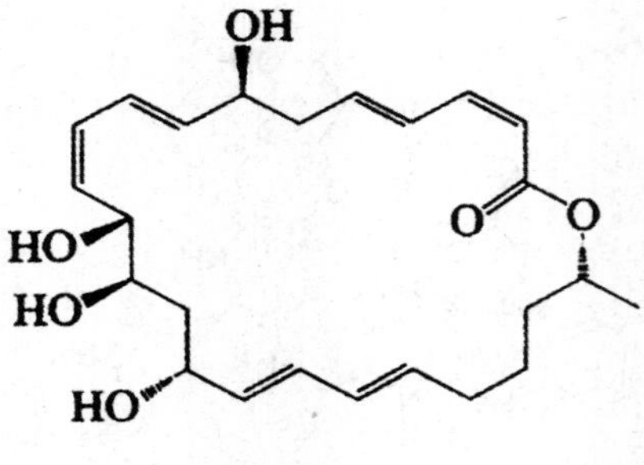

Macrolactin Q

图8-5　海洋大环内酯类化合物结构示例

（1）简单大环内酯类化合物

此类大环内酯只含有一个内酯环，环是由长链脂肪酸构成的内酯。例如，从海洋软体动物Aplysia depilans中提取出的Aplyolide A、Aplyolide B和Aplyolide C（图8-6），均表现出了毒鱼活性。

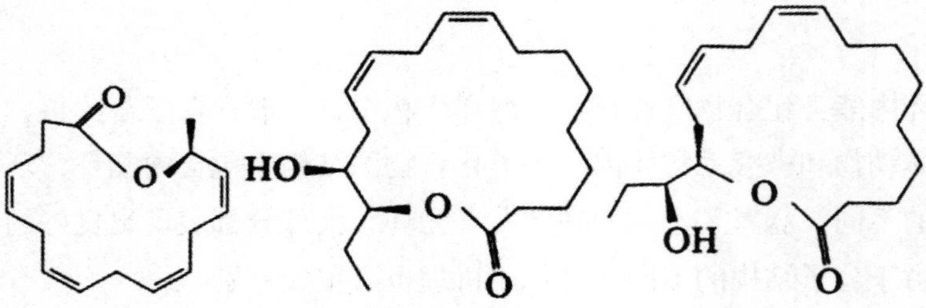

Aplyolide A　　　　Aplyolide B　　　　Aplyolide C

图8-6　Aplyolide A、Aplyolide B和Aplyolide C的化学结构

（2）内酯环含有氧环的大环内酯类

此类大环内酯含有三元、五元或六元氧环。这里的氧环是由大环内酯环中的双键、羟基在代谢过程中经氧化、脱水形成的。例如，Bryostatin-1（图8-7）具有增强免疫、诱导分化、增强其他细胞的毒药物活性等功效。

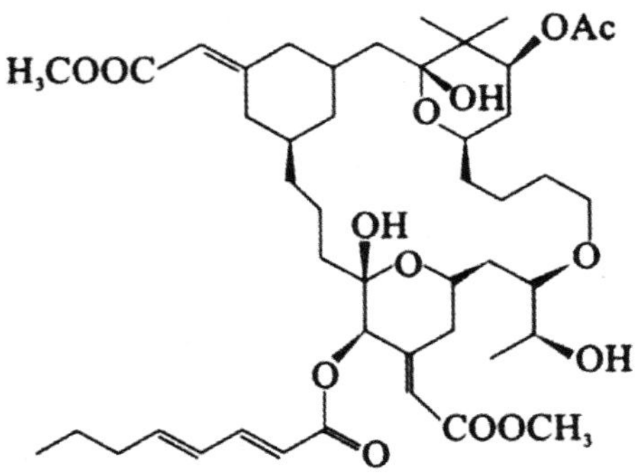

图8-7　Bryostatin-1的化学结构

（3）多聚内酯类化合物

此类大环内酯的酯环上包含多个酯键，对真菌有较强的抑制作用。例如，从红藻中提取出的下面几种成分（图8-8）都表现出抗真菌的效果。

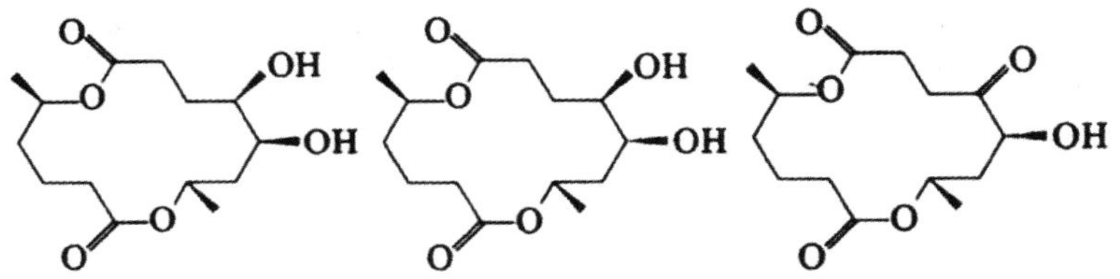

图8-8　从红藻中提取的多聚内酯类化合物结构

（4）其他大环内酯类

从被囊动物海鞘中提取出的一种化合物，在药理实验中表现出特殊的抗肿瘤活性，对于直肠癌、乳腺癌、肺癌等显示有较好的治疗效果。

海洋大环内酯类化合物广泛分布于海绵、苔藓动物、软体动物、被囊动物中，大部分表现出了良好的生理活性，如抗菌活性、抗肿瘤活性、免疫调节活性及抗炎活性等。

已有研究证实，大环内酯类化合物对厌氧菌、球菌、军团菌、铜绿假单胞菌、分枝杆菌、衣原体及支原体等均有较好的抑菌效果；同时，大环内酯类化合物对呼吸系统疾病、消化系统疾病、心血管疾病等均有较好的疗效，不过十四元和十五元大环内酯类抗生素很容易造成耐药性，而十六元大环内酯类抗生素不会诱发耐药性，且不容易发生交叉耐药。

海洋中的大环内酯类天然产物种类繁多，结构独特，通常具有多种生物活性，如毒鱼活性、抗病毒活性、抗真菌活性等。海洋动物中的大环内酯类化合物最引人注意的生物活性为抗肿瘤抗菌活性，例如，类大环内酯Altohyrtin A、B、C和Cinactryolide A等，它们具有十分特殊的抗瘤谱，且活性处于较高的水平，对一系列人癌细胞株有良好的抑制作用，其中包括HL60、SR白血病细胞；NCL H226、NCI H23、NCI H460、NCI H522非小肺细胞；DMS 114和DMS 273肺细胞；SF539、U251脑细胞；SK–MEL5黑素瘤细胞、OVCAR3卵巢细胞和RXF393肾癌细胞等。

海洋微生物代谢产物中含有大量结构新颖的大环内酯类化合物，具有抗肿瘤、抗菌、抗疟、抗真菌等功效。面对日益增多的耐药菌株，寻找结构新颖、作用机制独特的抗菌药物已成为当务之急。鉴于大环内酯类化合物在抗菌、抗真菌等方面的巨大潜力，从海洋大环内酯化合物中寻找高效、低毒的抗菌和抗真菌先导物质是一条常用的途径。对于活性明确但毒副作用大的大环内酯类抗生素，将深入探讨结构与毒性和活性之间的关系，对其结构加以优化，使其符合高效、低毒的药物标准，从而为海洋大环内酯类抗生素的开发、利用提供新的思路。

8.2.2　提取分离方法

从总体上讲，大环内酯类化合物的提取可分为两类：一是有机溶剂的浸取，二是碱性溶剂的浸取。前者一般选用有机溶剂，如氯仿、丙酮、甲醇、乙醇等；后者一般选用0.5%的氢氧化钠乙醇溶液或者氢氧化钙的水溶液，以便将大环内酯转变成盐来萃取。

对所得粗提取物，采用重结晶或柱色谱（如凝胶柱色谱、反相硅胶柱色谱和高效液相色谱等分离技术）分离纯化。以硅胶、硅酸镁、酸性氧化铝等为吸附剂，以石油醚、苯、乙醚、氯仿、甲醇等为洗脱溶剂。大环内酯的提取可以采用下列方法。

8.2.2.1 水蒸气蒸馏法

分子量较小的大环内酯类化合物具有挥发性，可用水蒸气蒸馏法进行提取。

8.2.2.2 碱溶酸沉法

根据大环内酯类化合物在热碱液中溶解、遇酸后再沉淀的特点，可以将其分离出来。先用0.5%氢氧化钠水溶液（或醇溶液）加热提取，待其降至一定温度，用乙醚去除杂质，再加入酸使pH为中性，经适量浓缩，再酸化，即可得到大环内酯类或水溶性小的苷。但由于大环内酯类在碱性条件下易发生开环反应，故不宜过久加热。

8.2.2.3 系统溶剂提取法

常用石油醚、乙醚、乙酸乙酯、甲醇等不同极性的溶剂顺次提取，各提取液浓缩后有可能获得大环内酯结晶。若得到的是混合物，就需要采用其他方法作进一步分离。在上述溶剂中，石油醚对大环内酯的溶解度不高，但是在连续回流萃取过程中，由于杂质对其有一定的促进作用，使其在石油醚中溶解，经过浓缩、冷却后，可以得到纯度更高的大环内酯结晶。同时，石油醚也能溶解其他脂溶性成分，如不含大环内酯，对以后几种溶剂的提取液的处理也有很大帮助。对于大部分游离大环内酯，乙醚是一种很好的溶剂，但是它同时也会溶出其他脂溶性成分，因此需要再对其进行分离和纯化。对于其他极性较大的游离大环内酯，可用乙醇或甲醇提取。未知结构的大环内酯类化合物按上述流程进行提取和分离，能够得到满意的结果。

乙醚液中也可能含有大环内酯，可以用氢氧化钾乙醇液在室温下皂化，再加入水，通过减压去除乙醇，用乙醚提取残留液中的不皂化物，对碱液进行酸化后再用乙醚抽提。

8.2.2.4　色谱方法

结构相似的大环内酯混合物在最后的分离阶段通常需要经过色谱方法来实现。柱色谱吸附剂的选择可以包括中性和酸性氧化铝，以及硅胶，但应慎重考虑使用碱性氧化铝。在分离过程中，常用的洗脱溶剂包括己烷和乙醚，以及己烷和乙酸乙酯等混合物。这些溶剂的选择和比例可以根据待分离混合物的性质和特点进行调整，以达到最佳的分离效果。采用柱色谱技术，特别是结合不同吸附剂和溶剂的组合，有助于有效地解决结构相似的大环内酯混合物的分离难题。

8.2.3　研究实例

研究学者从草苔虫中分离出一系列大环内酯类化合物，其中一些化合物具有抗肿瘤活性，对医学研究具有重要意义。目前分离得到的Bryostatin-1～18个化合物对P388白血病细胞的体内外试验都有明显活性。草苔虫内酯在生物体中的含量极少，但已有研究人员通过试验，找到了高效的提取方法。下面介绍草苔虫内酯4的提取分离。

（1）材料的预处理

首先，将草苔虫晾干后粉碎得到粉末。接着，取10g粉末作为一份样品，共准备9份，以备提取。

（2）提取方法

方法A：

①将样品与300mL乙酸乙酯混合，采用索氏提取，进行3h的回流操作。

②对上一步提取得到的液体进行减压处理，得到溶剂浸膏。将溶剂浸膏与硅藻土混合后进行洗脱，最后得到草苔虫内酯提取物。

③溶解草苔虫内酯提取物，通过湿法上样加入反相硅胶ODS柱。接着，使用甲醇进行梯度洗脱，随后，通过薄层色谱法（TLC）对草苔虫内酯进行检测和收集，最终得到总草苔虫内酯。

方法B：采用乙酸乙酯对样品超声提取3次。接着执行方法A②、③步骤。

方法C：采用1∶1的二氯甲烷–甲醇40℃超声提取3次，100mL/次。接着执行方法A②、③步骤。

采用高效液相色谱法对以上方法所得的草苔虫提取物进行分离测定，测得草苔虫内酯的含量。进样前用0.45μm微孔滤膜过滤样品溶液。

通过上述高效液相色谱法测量结果可知，方法B所得草苔虫内酯中，除Bryostatin 5外含量均比方法A低；方法C中的草苔虫内酯量远高于A法，这主要是因为甲醇∶二氯甲烷（1∶1）具有更好的渗透能力和溶解能力。

（3）分离方法。

利用凝胶柱层析、反相硅胶快速柱层析和制备性高效液相层析等多种方法，从南海的总合草苔虫样本中分离出活性成分。

新鲜采集的总合草苔虫$Bugula$ $neritina$ $Linnaeus$样本60kg（干重），用95%乙醇在室温下浸提1周，共提取4遍（300L×4），将乙醇提取液混合到一起，在减压条件下回收乙醇，得到2kg浸膏。以90%甲醇对浸膏进行悬浮分散，以正己烷提取5次（10L×5），得到560g正己烷提取物，其体外抗癌活性筛选未见明显活性。然后，用80%的甲醇水溶液，以CCl_4进行5次萃取，得到60gCCl_4萃取物（IC_{50}=7μg/mL，P388），为活性部位。

用快速硅胶柱色谱法（200~300目）进行处理，得到活性组分2BH-10（2.7g，IC_{50}=2.4μg/mL）。2BH-10用sephadex LH-20凝胶柱层析，进行洗脱后，得到两个活性组分A（1.7g，IC_{50}=0.3μg/mL）和B（1.1g，IC_{50}=0.8μg/mL）。

对A、B两组分分别进行两次凝胶柱层析，依次以Hexane–CH_2Cl_2–MeOH（4∶5∶1）和hexane∶CH_2Cl_2∶CH_3OH（10∶10∶1）洗脱，分别得到两个组分C（0.7g，IC_{50}=0.1μg/mL）和D（0.5g，IC_{50}=8×10^{-2}μg/mL），C、D两组分纯度更高、活性更强。

由于C、D两组分中的绿色素含量依然很高，因此将二者合并，进行ODS快速柱层析，经洗脱，得浅黄色活性组分E（0.8g，IC_{50}=4.8×10^{-2}μg/mL）。该组分经硅胶柱层析、梯度洗脱，得到两个部分F（0.g）和G（0.2g）。F经反复HPLC制备，以83%CH_3OH为流动相，得到化合物E（10mg）、化合物F（65mg）、化合物A(Bryostatin-4，50mg)。

8.3　海洋动物中萜类化合物的提取分离

　　海洋中的萜类化合物主要存在于海藻、珊瑚、海绵、软体动物等海洋生物中，属于一类重要的海洋生物活性次级代谢产物。在海洋动物所含的萜类化合物中，单萜、倍半萜、二萜、二倍半萜的种类和数量较多，三萜和四萜的种类和数量则较少。

8.3.1　海洋来源萜类化合物的研究概述

　　海洋中蕴藏着大量的生物资源，但由于其独特的生态环境，海洋生物体内的合成途径也与陆生生物存在显著的差别，这种差别同样影响了海洋萜类化合物。例如，海洋生物中的萜类化合物通常是与醌醇相连的；从红藻中提取的单萜和倍半萜等萜类化合物富含不少卤族元素，以氯和溴为主，陆地生物所含的萜类化合物没有这种特点，而海洋中氯元素、溴元素的含量相差300倍，氯元素的含量为2%，溴元素的含量为0.0067%，研究人员对藻类的选择性富集机理尚不清楚；从不同的海绵中发现了一系列的异氰基倍半萜，含氰基的天然产物在自然界中极为少见。

　　珊瑚是海洋萜类化合物的一大来源，珊瑚中的萜类化合物主要为倍半萜和二萜，该类化合物不但具有新颖的化学结构，还具有显著的生理活性，如珊瑚的一些二萜内酯具有较强的抗肿瘤活性。珊瑚属于腔肠动物门珊瑚虫纲，是腔肠动物门最大的一个纲，拥有超过7000种珊瑚，又分为八放珊瑚和六放珊瑚两个亚纲。当下在萜类化合物研究领域备受关注的软珊瑚和柳珊瑚均来自八放珊瑚亚纲。软珊瑚属于腔肠动物门珊瑚虫纲八放珊瑚亚纲软珊瑚亚目，又分为六个科，即*Paralcuoniidae*、*Alcyoniidae*、*Asterospiculariidae*、*Nephtheidae*、*Nidaliidae*和*Xeniidae*。

　　海绵中的萜类物质是其重要的次生代谢产物，其结构类型丰富，包括呋喃萜、异氰萜、spongiane型、scalarane型、酚醌萜型等。需要注意的一点是，海绵是二倍半萜类的重要来源，二倍半萜的发现时间晚于其他萜类，直到1965年才由陆地生物*Gascardia Madayas Cariensis*中首次发现二倍半萜，当下已知的二倍半萜三分之二来源于海绵。

8.3.2　提取分离方法

　　发展至今，从自然界中得到的萜类早已超过了55000种，但由于这些萜类化合物的来源广泛、数量庞大、化学结构复杂，其高效的提取分离仍存在许多问题。从最初对多种植物挥发油的研究，到后来有药理活性的各类药用植物，尤其是海洋生物天然产物的研究使萜类化合物的来源得到了极大的丰富。对萜类化合物的不断研究与分离技术，尤其是层析技术的发展具有重要意义。

　　萜类化合物的提取必须结合化合物的存在形式和化学性质确定提取溶剂和操作流程。例如，环烯醚萜大多以苷的形式存在，苷元分子不大，通常具有羟基，有较强的亲水性，在水、甲醇、乙醇和正丁醇等极性溶剂中溶解度较高，在亲脂性溶剂中溶解度较低，多以甲醇或乙醇作为提取溶剂。然而，对来源于微生物（主要为真菌、放线菌）的萜类物质，借助发酵法来获取发酵液及菌丝体，发酵液中的萜类化合物一方面能够利用合适的溶剂进行提取，另一方面能够利用大孔树脂对其进行吸附富集，用水洗掉其中的水溶性杂质，然后选择合适的有机溶剂，例如稀乙醇溶液进行洗脱，对洗脱液进行回收，浓缩后用于分离；甚至还能在微生物培养液中添加大孔树脂，进行微生物发酵培养，既可实现富集，又可削弱某些物质的反馈抑制，从而提高待提取物的产率。

　　除了传统的提取方法外，超临界萃取技术也得到了广泛应用，特别适合对热和化学不稳定的萜类，逐渐替代了过去使用率较高的水蒸气蒸馏技术。超临界萃取技术的提取速度快，能够通过调节压力改善溶剂的溶出效果，比传统的液液萃取和液固萃取具有更高的产率。一般选择不活泼、无毒的二氧化碳作为超临界液体。

在得到粗提取物后，经常采用常压柱层析（正相硅胶柱、反相硅胶柱及凝胶柱Sephadex LH-20等）和HPLC等分离方法，以获得纯度较高的单体。然而，如何从众多化学成分中获得目标活性成分，仍是一件非常有难度的工作。这就要求将不同分离方法有机地组合在一起。在此基础上，利用生物活性和化学指纹图谱（HPLC指纹图谱、NMR指纹图谱）对其进行分离，也可以实现对天然产物的快速分离。

8.4 海洋动物中其他类型化合物的提取分离

8.4.1 生物碱

生物碱在海洋天然产物中广泛存在且占据重要地位。目前，已有许多在国内外获批上市或处于临床阶段的海洋活性物质或其衍生物。在这些物质中，生物碱类化合物占据着重要地位，其所占比例仅次于肽类化合物。

生物碱是一类含有氧化态氮原子的环状有机化合物，主要存在于生物体内。与氨基酸、蛋白质、维生素以及低分子胺类不同，生物碱其分子结构中包含碱性氮原子，大多数生物碱的氮原子位于其杂环结构中，使其表现出碱性质。生物碱作为一类重要的天然产物，是一种拥有悠久历史的、非常重要的现代药物成分，多数具有抗菌消炎、缓解疲劳、抗癌、抗炎和调控新陈代谢等作用。例如，从红树海鞘中提取的曲贝替定是一种已经上市的抗癌药物，得到了广泛的应用；从河豚中提取的替曲朵辛在2018年就进入了Ⅱ期临床阶段，主要用于缓解癌症引起的疼痛。

海洋中环境条件独特，其低温、缺氧、高压和高盐等特性，赋予海洋生物与陆生生物完全不同的代谢途径。在这样的特殊环境中，海洋生物产生了许多结构独特、生物活性显著的新型生物碱。这些海洋源生物碱由于其卓越的生物活性而受到广泛关注。

这些新型生物碱不仅在结构上具有创新性，而且在药理学上展现出卓越的潜力。它们的研究不仅为药物开发提供了新的资源，还为理解海洋生物的生存机制和适应策略提供了重要线索。这种独特的海洋资源为生物碱研究领域注入了新的活力，有望为未来的医药和生物技术领域带来更多创新。

8.4.1.1　海洋来源生物碱的类型

从化学结构的角度来看，海洋中的生物碱可大致分为各种类型，每一类都呈现出独特的结构和药理活性。海洋来源的生物碱主要包括吡啶衍生物类、吡咯啶衍生物类、异喹啉衍生物类、吲哚衍生物类、喹啉衍生物类、咪唑衍生物类等。

8.4.1.2　提取分离方法

进行生物碱的提取分离，通常需先开展预实验。首先对海洋动物的提取物进行薄层色谱分析，再用Dragendorff试剂或在试管中用生物碱试剂判断生物碱是否存在。粉碎的动物样品用甲醇、乙酸乙酯、氯仿等有机溶剂提取或用H_2SO_4、HCl、HOAc等酸性溶剂提取。另外，从海洋动物中提取生物碱，也能用氨水、石灰水等碱水研磨，然后用二氯甲烷、氯仿等极性较小的有机溶剂提取。所得到的中性有机浸膏，还需经过酸水捏溶、氨水碱化，最后用氯仿或乙酸乙酯提取。

（1）溶剂法

①水或酸水-有机溶剂提取法。

②醇-酸水-有机溶剂提取法。

③碱化-有机溶剂提取法。

④其他溶剂法。

（2）离子交换树脂法

将酸水液与阳离子交换树脂（多用磺酸型）进行交换，从而与非生物碱成分分离。

对生物碱进行分离通常用硅胶柱色谱、用碱性溶液（如石油醚–乙酸乙酯–二乙胺体系）洗脱，还可以用氧化铝柱色谱、中性有机溶剂洗脱，但是，必须先用对应的薄层色谱研究其反应条件。生物碱在海洋动物中的含量较少，因此通常采用硅胶柱色谱、氧化铝柱色谱、反相硅胶柱色谱、Sepadex LH–20柱色谱等多种色谱方法对有机浸膏进行分离，尤其是利用HPLC对其进行分离，能得到纯度很高的生物碱单体。

8.4.2　海洋动物中甾体化合物的提取分离

甾体化合物是一类在自然界中广泛存在的化合物，其包括甾醇、胆甾酸、甾型激素和皂素等，对生命体的代谢活动起到协同和调节的重要作用。这些化合物在自然界中分布广泛，尤其是在海洋中，成为海洋生物中不可或缺的重要成分。软珊瑚、海绵、海星等海洋无脊椎动物中富含各种甾体化合物，这些海洋甾体化合物不仅具有多种生物活性，如抗肿瘤、抗衰老、抗病毒、抗菌等，而且由于其丰富的支链结构和独特的生理活性，引起了科学家们的广泛关注。

为了从海洋动物中提取并分离甾体化合物，目前常见的方法采用了浸提–浓缩色谱分离的流程。该过程主要包括浸提、浓缩、色谱分离三个步骤。

张翠仙等[100]通过这三个步骤，最终从软珊瑚中分离纯化得到多羟基甾醇1~3（图8–9）。生物活性实验表明，化合物1和2对艾氏腹水瘤和人体白血病K–562肿瘤细胞具有显著的抗肿瘤活性，其半数有效量（ED_{50}）分别为1.0μg/mL和3.0μg/mL。这一研究为多羟基甾醇的抗肿瘤潜力提供了实验支持。

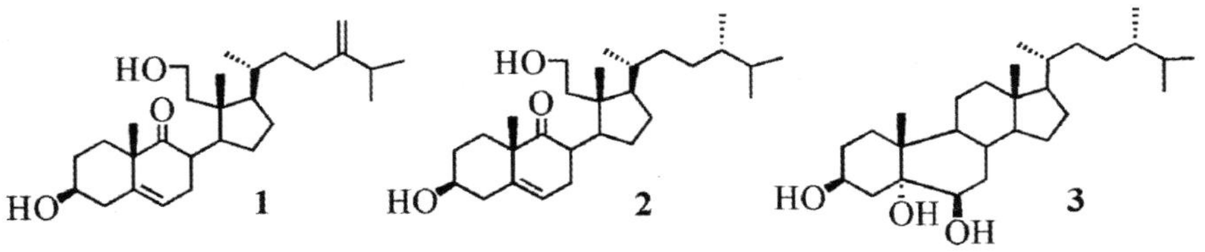

图8-9　多羟基甾醇1~3的化学结构

8.4.3　海洋动物中多糖的提取分离

多糖指的是一类由十个以上的单糖通过糖苷键连接而成的高分子碳水化合物，在动植物和微生物细胞中普遍存在。其中，硫酸化多糖是一类羟基上含有硫酸基团的多糖，在多糖中引入硫酸基团，可使其具有更好的物理、化学性能，使原本具有的生物活性得到增强，并能使其具有新的生物活性。

Yan等[101]的研究表明，从海参中提取的岩藻糖基化硫酸软骨素（Fucosylated Chondroitin Sulfate，FCS）具有较强的抗凝血活性，其活性主要受聚合度和硫酸基团修饰的影响，聚合度在9~18且具有2，4-二硫酸化岩藻糖分支和3，4-二硫酸化岩藻糖分支的海参寡糖具有临床所需的有效且安全的抗凝血活性。

8.4.3.1　海洋软体动物多糖

软体动物门是无脊椎动物的一个大类，根据构造分为腹足纲、双壳纲、头足纲、无板纲、单板纲、多板纲和掘足纲。由于营养价值高，种类丰富且易获取，海洋软体动物通常被标榜为商业动物直接食用或被加工成功能性食品或饲料添加剂。此外，由于某些品种贝壳、内脏和肉组织中活性物质的存在，使其具有很高的药用价值。

软体动物所在的水化缓冲系统的海洋环境，具有一定的水压和离子浓度，溶氧量有限且温差小，赋予了活性物质独特的结构和化学特征，且相较陆地生物，软体动物中的活性物质受污染的程度低。软体动物肉组织中蛋白质含量高，脂肪含量较低，多糖在其中的存在形式不同于藻类等其他水生生物，软体动物多糖的特性结合了水生生物资源和非哺乳动物的特点，其广泛的存在形式是硫酸化多糖。

与普通多糖相比，硫酸化多糖具有更高的硫酸盐含量、电荷密度和更好的溶解性，此外，软体动物硫酸化多糖的毒性较低且无副作用，研究表明，海洋软体动物硫酸化多糖与细胞外基质界面的众多蛋白质发生特定的相互作用，通过调节蛋白质的功能，从而影响基本的生物过程，实现一系列生物活性如抗动脉粥样硬化、抗凝血、抗炎、抗氧化和免疫调节功能。尽管硫酸化多糖有许多生物学功能，但由于软体动物中硫酸化多糖的合成和积累过程属于非模板驱动，涉及多种酶及其组织特异性的异构体，复杂的生物合成和缺乏校对机制导致硫酸化多糖的结构多样性和固有异质性，为结构解析造成困难。

软体动物硫酸化多糖包括糖胺聚糖（Glycosaminoglycans，GAGs）和含硫酸基团修饰的其他多糖，其中最主要的就是GAGs，又名黏多糖，由糖醛酸和己糖胺这一重复二糖单元构成，在特定位置上羟基被硫酸基团取代，根据二糖骨架可以分为透明质酸（Hyaluronic Acid，HA）、硫酸软骨素（Chondroitin Sulfate，CS）、硫酸皮肤素（Dermatan Sulfate，DS）、肝素/硫酸乙酰肝素（Heparin/Heparan Sulfate，HP/HS）和硫酸角质素（Keratan Sulfate，KS）。

8.4.3.2　海洋软体动物多糖的提取分离

下面以软体动物硫酸化多糖的提取分离为例，介绍几种常用的方法。海洋生物中的硫酸化多糖由于高电荷密度、多分散性及众多硫酸化模式，造成结构复杂且具有高度多样性，通常使用酶解、热酸等方法提取，尺寸排阻色谱和离子交换色谱分离纯化，质谱和核磁等技术解析纯多糖结构。由于质谱和核磁技术分辨率的限制，只能实现小分子寡糖的解析，因此需要选择合适的方法将多糖降解为寡糖后进行结构解析。

多糖的降解方法主要有物理方法和化学方法两大类，物理方法包括辐照降解和超声波降解，化学方法包括酶解、酸水解和氧化降解等，相比于物理降解，化学降解不需要复杂的设备，反应过程中通过控制条件即可得到不同聚合度的寡糖，且重现性好，是多糖解聚中最常使用的方法。

（1）酶解

酶解反应条件温和，对环境友好且降解产物分子量分布均一，在GAGs结构解析中得到广泛应用，Okamoto等[102]使用硫酸软骨素酶完全降解标准CS和10种海洋软体动物中的GAGs，进行二糖定性和定量分析，但此方法最大缺陷在于特异性高，应用条件十分有限，此外，酶解肝素时，可能丢失糖醛酸非还原端的差向异构化构型。

（2）亚硝酸降解

亚硝酸脱氨裂解可以保留糖醛酸的原始差向异构信息，主要用于降解HPHS和来自海参的FCS，其结构中的乙酰基影响降解效果，需要在降解前脱乙酰基；研究人员使用亚硝酸完全降解硫酸乙酰肝素，得到由糖醛酸和含醛基的2，5-脱水己糖组成的二糖单元，使用多孔石墨化碳柱结合质谱进行定量分析；Yan等[103]以FCS为对象，经控制反应时间使用水合肼脱N-乙酰基后，得到由三糖重复单元构成的高纯寡糖。然而，该方法除了反应剧烈、条件不易控制、步骤烦琐外，容易丢失多糖中的N-乙酰化和硫酸化修饰信息，还存在化学残余和环境污染的问题。

（3）酸水解

由于各单糖糖苷键对酸的耐受性不同，在使用酸降解GAGs时，糖醛酸的糖苷键对酸的抵抗力最强，由于羧基的氢键效应，糖醛酸的糖苷键难以断裂，在一定的反应时间内就可以得到非还原端为糖醛酸的二糖，Cao和Liu等以CS、HP和HA等酸性多糖为标准品，以几种大宗海洋软体动物为研究对象，使用1.3mol/L三氟乙酸（TFA）将其完全降解，经过1-苯基-3-甲基-5-吡唑啉酮（PMP）衍生，使用三重四极杆质谱仪的多反应监测（Multiple Reaction Monitoring，MRM）模式进行定量和定性分析，表明其中广泛存在CS和HP[104][105]。但此方法的最大缺陷在于可能导致多糖侧链和其中对酸不稳定的糖苷键水解，此外，在尽可能保留多糖的修饰基团的条件下，反应体系的pH及反应时间难以控制，因此需要针对高度异质结构的多糖确定不同的精确反应条件。

（4）氧化降解

氧化降解通常基于Fenton体系，通过化学试剂产生羟基自由基攻击多糖链，最常使用的反应试剂是过氧化氢，通常采用过氧化氢与抗坏血酸或 Cu^{2+}、Fe^{2+} 等催化剂结合产生羟基自由基，它从醛糖、糖醛酸和多糖上其他位置的C–H中随机提取氢原子，在氢转移过渡态下逐渐靠近羟基自由基的氧原子，形成糖自由基和水，进一步生成碳中心自由基，在碳原子上形成糖苷键，最终导致糖苷键断裂，多糖解聚。

此方法可以选择性地断裂糖苷键并且几乎不会导致硫酸化基团的丢失，其降解产物可以有效保留其一级结构网，具有良好的重现性，被广泛应用于酸性多糖的降解。

Li等[106]使用基于Fenton体系，以 Cu^{2+} 作为催化剂，降解GAGs标准品产生寡糖，但是金属离子的参与会导致体系pH降低，引起多糖的酸水解，此外，反应结束后金属离子催化剂难以去除，影响寡糖的质谱解析。

H_2O_2 抗坏血酸诱导的自由基降解可以不引入金属离子，能够有效地避免体系pH的改变且反应试剂易于去除，有望成为硫酸化多糖降解更简便且高效的方法，Mou等[107]使用此方法进行海参中岩藻糖基化硫酸软骨降解的研究，表明多糖的降解效率与溶液浓度呈负相关，与 H_2O_2 和抗坏血酸浓度呈正相关，结构解析结果表明，多糖的一级结构和硫酸酯在降解过程中得到了完整保留；Shen等[108]使用 H_2O_2/抗坏血酸结合超声辅助降解肝素，降解产物的一级结构也得到完整保留且具有抗凝血活性。

以上结果及前人的研究表明，H_2O_2/抗坏血酸的氧化降解方法具有高反应性和非选择性，可以作为GAGs以及其他硫酸化多糖的高效降解方法，但是针对GAGs以及海洋软体动物中其他结构硫酸化多糖的降解条件还需要进一步确定。

参考文献

[1]王锐.天然产物化学提取技术发展与应用研究[M].北京：北京工业大学出版社，2019.

[2]王振宇,赵海田.生物活性成分分离技术[M].哈尔滨：哈尔滨工业大学出版社,2015.

[3]王振宇,卢卫红.天然产物分离技术[M].北京：中国轻工业出版社，2012.

[4]徐怀德,罗安伟,师俊玲,等.天然产物提取工艺学[M].北京：中国轻工业出版社，2006.

[5]徐怀德.天然产物提取工艺学[M].北京：中国轻工业出版社,2009.

[6]刘湘,汪秋安.天然产物化学[M].2版.北京：化学工业出版社,2010.

[7]陈燕绘,周岩,陈亚东,等.苜蓿皂苷研究进展[J].河南农业科学, 2015, 44(7):6.

[8]章怀云,刘俊,毛绍名,等.天然产物活性成分提取分离研究进展[J].经济林研究, 2017, 35(3):7.

[9]赵天明.基于绿色溶剂的天然产物提取技术研究进展[J].江苏农业科学, 2016, 44(9):4

[10]宋航.制药分离工程[M].上海：华东理工大学出版社，2011.08

[11]王琳.天然产物提取常用方法分析比较[J].辽宁化工, 2017, 46(7):725-727.

[12]廖林川.法医毒物分析实验指导(全国高等学校教材)[M].北京：人民卫生出版社,2008.

[13]刘云.生物柴油工艺技术[M].北京：化学工业出版社,2011.

[14]岳波.废矿物油环境风险评价与污染防治技术手册[M].北京：中国环境出版社,2016.

[15]张永坚.医药化工生产设备选型[M].北京：化学工业出版社,2014.

[16]童海宝.生物化工[M].2版.北京：化学工业出版社,2008.

[17]张卫红,吴晓霞,马空军.超声波技术强化提取天然产物的研究进展[J].现代化工,2013,33(07):26-29.

[18]丁来欣，王慢想，宋先亮，等.勿忘我花色素的分离与鉴定[J].中国食品添加剂，2011，(1)：148-155.

[19]李敬芬，闵莉静，刘建华，等.超声波辅助提取浙贝母总生物碱的研究[J].时珍国医国药，2011，22(1)：134-135.

[20]李杨，周坚，万盈，等.莲子皮生物碱超声波辅助提取条件优化及抗氧化性研究[J].食品工业科技，2012，33(3)：255-258+262.

[21]李杰红.微波辅助萃取技术提取中药有效成分研究[J].中国医药导报,2006(36):155-156.

[22]刘伟，张昊，李新殿，等.超高压提取法对五味子果实及藤茎中木脂素类成分含量的影响[J].特产研究，2023（6）：690-699.

[23]杨孝辉，郭君.超高压法提取油茶籽粕中茶皂素的工艺研究[J].粮食与油脂，2023，36（2）：106-109.

[24]贾晓丽，刘改梅，赵三虎.咪唑类离子液体提取沙棘叶总黄酮的研究[J].中国食品添加剂，2020，31（8）：1-8.

[25]闫平，张彦，郑松.微波辅助离子液体提取光果莸黄酮工艺的优化[J].化工科技，2021（5）：57-62.

[26]万常，李启慧，曾超珍，等.基于离子液体与超声波辅助提取普洱茶茶多酚的工艺优化[J].茶叶通讯，2021，48(3)：494-500.

[27]郝翠，翟立海，董红敬，等.Box-Behnken响应面法优化超声波辅助离子液体提取黄芩化学成分方法及抗炎活性评价[J].中国新药杂志，2021，30(11)：1031-1037.

[28]HUANG Y，FENG F，JIANG J，et al.Green and Efficient Extraction of Rutin from Tartary Buckwheat Hull by Using Natural Deep Eutectic Solvents[J]. Food Chemistry，2016，221：1400.

[29]崔丽佼，于有伟，张小敏，等，离子液体辅助水蒸气蒸馏法提取柠檬精油的研究[J].中国调味品，2021，46(3)：150–153.

[30]汪开拓，蒋永波，王富敏，等.柠檬籽粒中柠檬苦素离子液体双水相提取体系的优化与抗氧化活性分析[J].核农学报，2020，34(11)：2507–2518.

[31]李琼婕，赵哲，王秀娟，等.涡旋辅助离子液体双水相萃取五味子中木脂素类化合物[J].食品工业科技，2022，43(4)：169–177.

[32]李刚，邱绍亮，张凤，等.固定化离子液体分离石上柏穗花杉双黄酮的应用研究[J].遵义医科大学学报，2021，44(5)：673–678.

[33]刘长姣，杨柳，陈宇飞.纤维素酶–乙醇结合法提取人参总皂苷提取工艺的研究[J].中国食品添加剂，2020，3(3)：56–61.

[34]李凤艳，王凯，朱鹏，等.复合酶法优化提取银杏叶总黄酮的工艺研究[J].中国现代中药，2018，20(9)：1142–1145.

[35]王柏强，项静，张杰，等.超声波技术辅助酶解法提取杜仲叶总黄酮工艺优化[J].中国药业，2021，30(2)：28–30.

[36]薛俊礼，吕洋，杨艳艳，等.微波辅助复合酶法提取北五味子多糖的工艺研究[J].河南工业大学学报(自然科学版)，2020，41(6)：61–67+73.

[37]王慧芳，赵飞燕，刘勇军，等.文冠果叶总黄酮微波辅助酶提取工艺的优化及其抗氧化、抑菌活性[J].中成药，2020，42(2)：290–296.

[38]范保瑞，马逢伯，刘卉，等.半仿生法提取夏枯草中熊果酸和齐墩果酸[J].河北大学学报（自然科学版），2019，39（6）：605–610.

[39]靳雅楠，孙琛，王权，等.闪式提取山茱萸黄酮研究[J].现代农村科技，2023（10）：86–87.

[40]BAIOCCHI C，SAINI G，COCITO C，et al.Analysis of vegetable and fish oils by capillary supercritical fluid chromatography with flame ionization detection[J].Chromatographia，1993，37（9/10）：525.

[41]BORCHJENSEN C，JENSEN B，MATHIASEN K，et al. Analysis of seed oil from ricinus communis and dimorphoteca pluvialis by gas and supercritical

fluid chromatography[J].Journal of the American Oil Chemists Society，1997，74
（3）：277.

[42]MATSUBARA A，UCHIKATA T，SHINOHARA M，et al. Highly
sensitive and rapid profiling method for carotenoids and their epoxidized products
using supercritical fluid chromatography coupled with electrospray ionization−triple
quadrupole mass spectrometry[J].Journal of Bioscience & Bioengineering，2012，
113（6）：782.

[43]CHOO Y M，MA A N，YAHAYA H，et al.Synthesis of a palm−based
star−shaped hydrocarbonvia oleate metathesis[J].Journal of the American Oil
Chemists Society，1996，73（4）：523.

[44]TYSKIEWICZ K，GIEYSZTOR R，MAZIARCZYK I，et al.Supercritical
Fluid Chromatography with Photodiode Array Detection in the Determination of Fat−
Soluble Vitamins in Hemp Seed Oil and Waste Fish Oil[J].Molecules,2018,23（5）：
1131.

[45]KOZLOV O，HORAKOVA E，RADEMACHEROVA S，et al. Direct
Chiral Supercritical Fluid Chromatography−Mass Spectrometry Analysis of
Monoacylglycerol and Diacylglycerol Isomers for the Study of Lipase−Catalyzed
Hydrolysis of Triacylglycerols[J].Analytical Chemistry，2023，95（11）：5109.

[46]KOHLER M，HAERDI W，CHRISTEN P，et al. Extraction of
artemisinin and artemisinic acid from Artemisia annua L using supercritical carbon
dioxide[J]. Journal of Chromatography A，1997，20（2）：62.

[47]LESELLIER E，DESTANDAU E，GRIGORAS C，et al. Fast separation
of triterpenoids by supercritical fluid chromatography/evaporative light scattering
detector[J].Journal of Chromatography A，2012，1268：157.

[48]辛华夏，彭子悦，江大森，等.反相液相制备色谱法结合超临界流体
制备色谱法分离纯化海风藤中的化合物[J].色谱，2018，36（5）：474.

[49]HUANG Y，YING F，TANG G Y，et al. Development and validation
of a fast SFC method for the analysis of flavonoids in plant extracts[J].Journal of
pharmaceutical and biomedical analysis，2017，140：384.

[50]GIBITZ−EISATH N，EICHBERGER M，GRUBER R，et al. Towards

eco–friendly secondary plant metabolite quantitation：Ultra high performance supercritical fluid chromatography applied to common vervain（Verbena officinalis L.）[J]. Journal of Separation Science，2020，43（4）：829.

[51]刘志敏，赵锁奇，王仁安，等.黄酮醇异构体的超临界流体色谱法分离[J].色谱，1997，15（4）：288–290.

[52]HUANG Y，ZHANG T T，ZHOU H B，et al. UHPLC/Q–TOFMS–based plasma metabolomics of polycystic ovary syndrome patients with and without insulin resistance[J].Journal of Pharmaceutical & Biomedical Analysis，2016，121：22.

[53]宋晓凯.天然药物化学[M].北京：化学工业出版社，2010.

[54]孔令义.天然药物化学[M].北京：中国医药科技出版社，2019.

[55]朱安宏，秦政，涂清波.槲皮素磁性分子印迹聚合物的制备[J].化学与生物工程，2020，37（10）：22–26.

[56]王占花.芦丁磁性胶束分子印迹物的合成及其识别性能研究[D].哈尔滨：哈尔滨工业大学，2019.

[57]邢占芬，成洪达，张平平，等.桑色素–Cu2+配位分子印迹聚合物制备及其固相萃取应用[J].中草药，2020，51（23）：5943–5948.

[58]YU X，JING Y.YIN N.The effeetive and seleetive separation of（–）–epigallocatechin gallate by molecularly imprinted ehitosan beads[J].Journal of Food Science&Technology，2017，54：770–777.

[59]何慧清，叶静敏，程杏安，等.分子印迹聚合物固相萃取花生根茎中白藜芦醇[J].仲恺农业工程学院学报，2020，33（3）：1–7.

[60]王斌.磁性分子印迹微球的制备及对安化黑茶中儿茶素的快速识别研究[D].长沙：中南林业科技大学，2018.

[61]JIAO J，ZHOU Z，TIAN S，et al.Facile preparation of molecular–imprinted polymers for selective extraction of theophylline molecular from aqueous solution D/OL].Journal of Molecular Structure，2021，1243（3）：130891[2022–06–20].https：//doi.org/10.1016/j.molstrue.2021.130891.

[62]LV Y.Qu Q，LI C，et al.Acrylamide–modified 3–aminopropyltriethoxysilanes hybrid monomer for highly selective imprinting recognition of theophylline[J].Journal of Chromatographic Science，2019，58（46）：

1–16.

[63]袁新华，刘敦舜，刘怡，等.苦参碱分子印迹氢键型超高交联吸附树脂的制备及吸附性能[J].江苏大学学报（自然科学版），2019，40（5）：585–590.

[64]王娇.阿魏酸分子印迹复合膜的制备及性能研究[D].成都：西南交通大学，2013.

[65]韦美华，王枢，蒋婉莹，等.掺杂无机纳米粒子的阿魏酸分子印迹复合膜的制备[J].高分子材料科学与工程，2017，33（4）：126–131.

[66]彭胜，李奂，施树云.绿原酸亲水性磁性分子印迹树脂的合成及其固相萃取性能评价[J].色谱，2019，37（3）：293–298.

[67]程开茂，杨倩，乐薇，等.绿原酸分子印迹冰胶聚合物的制备[J].化工技术与开发，2019，48（3）：11–15.

[68]PEŠIÇ M P, TODOROV M D, BECSKEREKI G, et al.A novel method of molecular imprinting applied to the template cholesterol[J/OL]. Talanta，2020，217：121075[2022–06–20].https：//doi.org/10.1016/j.talanta.2020.121075.

[69]白慧萍，王春琼，曹秋娥.基于石墨烯信号放大策略的胆固醇分子印迹电化学传感器研究[J].分析化学，2017，45（10）：1535–1541.

[70]王焕军.制备基于纳米多孔金的分子印迹膜石英微观天平传感器对胆固醇进行检测[D].济南：山东大学，2018.

[71]苏立强，兰志满，李国武，等.介孔印迹聚合物的制备及固相萃取黄花蒿中的青蒿素[J].分析试验室，2020，39（8）：6–10.

[72]王可兴，王宏，韩静，等.紫杉醇分子印迹聚合物在固相萃取中的吸附和解吸[J].沈阳药科大学学报，2017，34（4）：317–322.

[73]黄微薇，赵倩玉，杨鑫，等.环氧功能化双功能磁性分子印迹聚合物的合成及其在多糖吸附中的应用[J].色谱，2019，37（7）：673–682.

[74]宋立新，王慧格，芮超凡，等.悬浮聚合法合成7-乙酰氧基-4-甲基香豆素分子印迹聚合物及其吸附性能研究[J].分析试验室，2020，39（3）：261–266.

[75]张艳，杜先锋.膜技术分离纯化茶多糖的工艺研究[J].安徽农业大学学报，2015，42（1）：12–17.

[76]宋逍，段玺，徐萌，等.葛根中有效成分葛根素膜分离工艺研究[J].时珍国医国药，2019，30（10）：2314-2317.

[77]郭立忠，吴镝.黄芪的有效成分提取与纳滤提取应用分析[J].中国卫生标准管理，2015，6（25）：141-142.

[78]蒋华彬，刘丽莎，张清，等.膜分离技术同步分离纯化管花肉苁蓉苯乙醇苷及多糖[J].食品科技，2019，44（7）：229-234.

[79]蔡铭，陈思，骆少磊，等.膜分离与醇沉技术纯化猴头菇粗多糖的比较[J].食品科学，2019，40（9）：83-90.

[80]王金顺.亚临界低温萃取技术在提取水飞蓟有效成分上的应用[C]//首届中国亚临界生物萃取技术发展论坛论文集.河南省亚临界生物技术有限公司，2016.

[81]覃睿.新疆一枝蒿有效成分提取分析及活性研究[D].乌鲁木齐：新疆大学，2013.

[82]JIANG W，YU X，HUI Y，et al.Catalytic alcoholysis of saponins in D.zingiberensis C.H.Wright（Curcuma longa L）with magnetic solid acid to prepare diosgenin by resp onse surface methodology[J].Industrial Crops&Products，2021，161：113197.

[83]杨鹏飞，朱烨婷，方旭，等.加压提取法制备盾叶薯蓣根茎中薯蓣皂苷元[J].中成药，2019，41（11）：2745-2747.

[84]唐俊，葛海涛，张云霞，等.纤维素酶辅助提取盾叶薯蓣中薯蓣皂苷的工艺优化研究[J].中国医药科学，2012，2（1）：27-29.

[85]赵卓雅.盾叶薯蓣快繁技术的研究及药用成分提取工艺的优化[D].延吉：延边大学，2021.

[86]夏薇，俞迪虎.废气烟叶浸膏中茄尼醇的提取[J].中国医药工业杂志，2003，34（1）：328-329.

[87]CHIHARA G，MAEDA Y，HAMURO J，et al.Inhibition of mouse sarcoma 180 by polysaccharides from Lentinus edodes（Berk.）sing[J].Nature，1969，222：687-688.

[88]魏桢元，钟耀广，刘长江.响应面优化法对香菇多糖提取的工艺研究[J].辽宁农业科学，2010（02）：11-14.

[89]聂小宝，张长峰，侯成杰.微波法辅助提取香菇多糖的工艺研究[J].食品工业，2012，33（09）：37-39.

[90]ZHANG W，CHENG S，ZHAI X，et al.Green and efficient extraction of polysaccharides from Poria cocos FA Wolf by deep eutectic solvent[J].Natural Product Communications，2020，15（2）：1-10.

[91]刘燕隔.牛樟芝.发酵菌丝体三萜类化合物对酒精诱导肝损伤小鼠保护作用的研究[D].长春：吉林大学，2019.

[92]崔秀云，邵千飞.离子交换法分离纯化还原型谷胱甘肽的研究[J].广州化工，2018，46（15）：96-98+107.

[93]孙雪，赵晓燕，张晓伟,等.Box-Behnken响应面优化大豆7S球蛋白含促溶剂的反胶束提取工艺[J].中国粮油学报，2020，35（11）：62-68.

[94]付莉媛，代旭栋，张宇辉，等.反胶束法提取小米中蛋白酶条件的优化[J].山东化工，2019，48（06）：3-5+8.

[95]黄开森，廖志赢，徐春厚，等.胶红酵母虾青素纯品提取及分离纯化方法优化[J].天然产物研究与开发，2018，30（11）：1858-1862+1877.

[96]方婷.雨生红球藻中虾青素类成分的提取分离及活性评价[D].广州：广东药科大学，2019.

[97]陈兴才，黄伟光，欧阳琴.雨生红球藻中虾青素酯的皂化及游离虾青素的纯化分离[J].福州大学学报，2005，33（2）：264-268.

[98]LI H B，CHEN F.Preparative isolation and purification of astaxanthin from the microalga Chlorococcum sp.by high-speed counter current chromatography[J].Journal of Chromatography A，2001，925：133-137.

[99]PETTIT GEORGE R，ZBIGNIEW C，JOZSEF B，et al.Isolation and structure of the marine sponge cell growth inhibitory cyclic peptide phakellistatin 1[J].J Nat Prod，1993，56(2):253.

[100]张翠仙，张广文，何细新，等.多型短指软珊瑚Sinularia polydactyla(Ehreberg)中的氧化甾醇[J].中药新药与临床药理，2010，21(1)：70-72.

[101]YAN L，WANG D，YU Y，et al.Fucosylated chondroitin sulfate 9-18 oligomers exhibit molecular size-independent antithrombotic activity while

circulating in the blood[J].ACS Chemical Biology，2020，15(8):2232–2246.

[102]OKAMOTO Y，HIGASHI K，LINHARDT R J，et al.Comprehensive analysis of glycosaminoglycans from the edible shellfish[J].Carbohydrate Polymers，2018，184:269–276.

[103]YAN L，WANG D，YU Y，et al.Fucosylated chondroitin sulfate 9–18 oligomers exhibit molecular size–independent antithrombotic activity while circulating in the blood[J].ACS Chemical Biology，2020，15(8):2232–2246.

[104]CAO C，SONG S，LIU B，et al.Distribution analysis of polysaccharides comprised of uronic acid–hexose/hexosamine repeating units in various shellfish species[J].Glycoconjugate Journal，2018，35(6):537–545.

[105]LIU B，LU J，AI C，et al.Quick characterization of uronic acid–containing polysaccharides in 5 shelfishes by oligosaccharide analysis upon acid hydrolysis[J].Carbohydrate Rese arch，2016，435:149–155.

[106]LI G，LI L，JOO E J，et al.Glycosaminoglycans and glycolipids as potential biomarkers in lung cancer[J]. Glycoconjugate Journal，2017，34(5):661–669.

[107]WU M，XU S，ZHAO J，et al.Preparation and characterization of molecular weight fractions of glycosaminoglycan from sea cucumber Thelenata ananas using free radical depolymerization[J].Carbohydrate Research，2010，345(5):649–655.

[108]SHEN X，LIU Z，LI J，et al.Development of low molecular weight heparin by H_2O_2/ascorbic acid with ultrasonic power and its anti–metastasis property[J].International Journal of Biological Macromolecules，2019，133:101–109.